Sherif Yousif Eid

Efeitos do crómio e do selénio-E na reprodução de cabras egípcias

Sherif Yousif Eid

Efeitos do crómio e do selénio-E na reprodução de cabras egípcias

ScienciaScripts

Imprint

Any brand names and product names mentioned in this book are subject to trademark, brand or patent protection and are trademarks or registered trademarks of their respective holders. The use of brand names, product names, common names, trade names, product descriptions etc. even without a particular marking in this work is in no way to be construed to mean that such names may be regarded as unrestricted in respect of trademark and brand protection legislation and could thus be used by anyone.

Cover image: www.ingimage.com

This book is a translation from the original published under ISBN 978-620-2-19724-3.

Publisher:
Sciencia Scripts
is a trademark of
Dodo Books Indian Ocean Ltd. and OmniScriptum S.R.L publishing group

120 High Road, East Finchley, London, N2 9ED, United Kingdom
Str. Armeneasca 28/1, office 1, Chisinau MD-2012, Republic of Moldova, Europe
Printed at: see last page
ISBN: 978-620-8-04347-6

ÍNDICE

RECONHECIMENTO

Antes de mais, uma oração de agradecimento ao nosso misericordioso "**ALLAH**"

Estou muito grato ao meu falecido **Prof. Dr. Mohamed S. Abd El-Magied Gado**, Professor de Fisiologia Animal, Departamento de Produção Animal, Faculdade de Agricultura, Universidade de Benha, pelo planeamento do trabalho de investigação, supervisão rigorosa e comentários valiosos. Estou igualmente grato pela sua paciência e bondade.

Dr. Abd El- Karim I.M. El-Sayed, Professor de Fisiologia Animal, Faculdade de Agricultura, Universidade de Benha, pela sua supervisão e pela sua orientação útil, consolação útil, grande interesse e orientação paternal ao longo do progresso deste trabalho.

Dr. Hassan A.M. Farghaly, Professor de Fisiologia Animal, Departamento de Aplicação Biológica, Centro de Investigação Nuclear, Autoridade de Energia Atómica, Inshas, por ter sugerido o problema, oferecendo todas as facilidades, encorajamento, orientação valiosa, críticas, apoio útil e efetivo durante o período de realização deste trabalho.

Um agradecimento especial ao **Prof. Dr. Habeeb, A.A.M.** Biological Applications Dept., Nuclear Research Centre, Atomic Energy Authority, pelo apoio, encorajamento e ajuda contínua, que foram essenciais para o progresso deste trabalho. Gostaria de agradecer ao **Prof. El-Tarabany, A.A.** Biological Applications Dept., Nuclear Research Centre, Atomic Energy Authority, pela conceção do trabalho experimental, pelo teste da hipótese, pelo encorajamento e pela ajuda contínua durante todo o período deste trabalho.

Muito obrigado a todos os meus queridos amigos do Centro de Investigação Nuclear, Autoridade da Energia Atómica, pelo seu encorajamento e ajuda contínua, durante todo o período deste trabalho.

Gostaria também de exprimir os meus sinceros agradecimentos ao meu pai, à minha mãe, à minha mulher e aos meus filhos pela grande compreensão durante o período deste estudo, que me influenciaram nos momentos difíceis ao longo da vida deste trabalho.

LISTA DE ABREVIATURAS

a.m.	Anti meridiem (L.)
ACTH	Adrenocorticotrophic hormone
A/G ratio	Albumin/ Globulin ratio
Alb	Albumin
ALT	Alanine amino-transaminase
AST	Aspartate amino-transaminase
AT	Ambient temperature
BW	Body weight
$BW^{0.75}$	Metabolic body weight
CL	Corpus luteum
Conc	Concentration
Concs	Concentrations
Cr	Chromium
CrNano	Chromium nano-composite
CrPic	Chromium picolinate
DM	Dry matter
E_2	Estradiol-17β
EP	Early pregnancy
Est	Estrous
FSH	Follicle stimulating hormone
Glb	Globulin
GnRH	Gonadotropin releasing hormone
GSHPx	Glutathione peroxidase
HCG	Human chorionic gonadotropin
hrs	hours
HS	Heat stress
HSP	Heat shock protein
IM	Intramuscular
IU	International unit
LH	Luteinizing hormone
LP	Late-pregnancy
min	minute

MP	Mid-pregnancy
NRC	Nutrition research council
P_4	Progesterone
PGF2α	Prostaglandin F2α
p.m	Post meridiem (L.)
PP	Postpartum
RH	Relative humidity
RIA	Radioimmunoassay
RR	Respiration rate
RT	Rectal temperature
Se-E	Selenium + Vitamin-E
SSA	sub-Saharan Africa
ST	Skin temperature
THI	Temperature humidity index
TP	Total protein

1. INTRODUÇÃO

Os caprinos são criados numa vasta gama de sistemas de produção e têm uma importância económica considerável em muitas regiões (**Devendra e Coop, 1982 e Devendra, 1989**). Os caprinos são amplamente encontrados em áreas tropicais e subtropicais, bem como em regiões temperadas; são criados principalmente para a produção de leite, mas também para carne e fibra (**Fateta *et al.*, 2011**).

O stress térmico tem um efeito redutor tanto na produtividade como na eficiência reprodutiva dos animais de criação. Foi demonstrado que altera a duração do cio, a taxa de conceção, o estado endócrino, o crescimento e o desenvolvimento folicular, o desenvolvimento embrionário precoce e o crescimento fetal (**Jordan, 2003**). Estes efeitos deletérios do stress térmico resultam quer da hipertermia associada ao stress térmico, quer dos ajustamentos fisiológicos efectuados pelo animal sujeito a stress térmico para regular a temperatura corporal (**Hansen, 2009**).

O stress térmico causa infertilidade nos animais de criação e representa uma importante fonte de perdas económicas. Em resposta ao stress térmico, os gestores podem tentar uma variedade de abordagens para melhorar a reprodução. Estas abordagens envolvem geralmente a modificação do ambiente (isto é, tentar arrefecer os animais durante a reprodução), a suplementação de antioxidantes no caso de um sistema semi-intensivo, uma vez que as cabras pastam ao ar livre durante a maior parte do dia, o que protege o sistema de defesa do corpo contra os radicais livres excessivamente produzidos durante o stress térmico e estabiliza o estado de saúde do animal), a modificação da genética do animal (isto é, a criação de raças tolerantes ao calor) ou a intensificação do maneio reprodutivo durante os períodos de stress térmico. O stress térmico afecta a reprodução em todas as principais espécies agrícolas (**Ahmed e Tariq, 2010; Sivakumer *et al.*, 2010**).

O selénio é um oligoelemento essencial, vital para o crescimento normal e para a saúde dos animais. O selénio (Se) tem uma função biológica relacionada com a vitamina E, na medida em que é um componente essencial da glutatião peroxidase, uma enzima envolvida na desintoxicação do peróxido de hidrogénio e dos hidroperóxidos lipídicos. A necessidade de vitamina E pode, por conseguinte, ser definida como a quantidade necessária para evitar a peroxidação na membrana subcelular específica que é mais suscetível à peroxidação. Além disso, o Se é um componente das selenoproteínas e está envolvido na função imunitária e neuropsicológica na nutrição dos animais **(Meschy, 2000)**.

A maioria dos nutricionistas assume que o desempenho reprodutivo não será limitado quando os animais são alimentados com dietas que cumprem os níveis NRC. No entanto, pouco se sabe sobre os efeitos da suplementação com vitamina E em eventos reprodutivos específicos em ovinos **(Koyuncu e Yerlikaya, 2007)**. As três principais variáveis que contribuem para o tamanho da ninhada são as taxas de ovulação, a sobrevivência embrionária e a sobrevivência fetal. A deficiência de selénio desempenha um papel em numerosas doenças do gado economicamente importantes, problemas que incluem a diminuição da fertilidade, o aborto, a retenção de placenta e a fraqueza neonatal **(McDowell *et al.*, 1996)**. No entanto, existe pouca informação disponível para os caprinos **(Meschy, 2000)**.

O crómio foi pela primeira vez descrito como um mineral essencial em ratos **(Schwarz e Mertz., 1959)** e foi demonstrado como um mineral essencial para os seres humanos **(Jeejeebhoy *et al.*, 1977)**. Foi na década de 1990 que o crómio começou a ser estudado intensivamente como um mineral essencial para os animais de criação **(Amata, 2013)**.

O principal papel do crómio no metabolismo consiste em aumentar a absorção de glicose pelas células **(Davis e Vincent, 1997)**. O crómio ativa igualmente certas enzimas e estabiliza as proteínas e os ácidos nucleicos **(Anderson, 1994)**. A toma de suplementos de crómio reduz os efeitos negativos do stress ambiental **(Mowat, 1994; Lien *et al.*, 1999 e Sahin *et al.*, 2001)**. **O NRC (1997)** recomenda um suplemento de crómio na dieta para animais sujeitos a stress ambiental. Para os animais de laboratório, recomenda-se 300 µg de crómio /kg de dieta **(NRC, 1995)**.

Os efeitos benéficos do crómio podem ser observados mais eficazmente sob stress ambiental, alimentar e hormonal. Nos ruminantes, recomenda-se a suplementação de crómio durante os períodos de stress térmico, início da lactação, infecções, etc. Um nível de 4-5 mg/cabeça/dia de crómio real suplementar durante as últimas 3 semanas pré-parto e 5-6 mg/cabeça/dia durante as primeiras semanas pós-parto pode ser suficiente **(NRC, 1995).**

A presente tese teve por objetivo estudar o desempenho reprodutivo de fêmeas caprinas autóctones durante os diferentes períodos reprodutivos - estro, gestação e pós-parto - afetado pelas condições de stress térmico em comparação com as condições amenas. Além disso, foi estudado o efeito dos tratamentos com crómio e selénio-E sobre o desempenho reprodutivo das fêmeas durante a estação amena e a estação quente para aliviar o stress térmico em cabras Baladi adultas.

2. REVISÃO DA LITERATURA

2.1. Caraterísticas fisiológicas afectadas pelo stress térmico:

A temperatura rectal e a taxa de respiração são parâmetros que ilustram o mecanismo de adaptação fisiológica. Vários investigadores estudaram os mecanismos de adaptação fisiológica, como a temperatura rectal e a taxa de respiração em pequenos ruminantes **(Sevi *et al.*, 2001; Srikandakumar *et al.*, 2003; Maurya *et al.*, 2004; Marai *et al.*, 2007; Otoikhian *et al.*, 2009; Phulia *et al.*, 2010 e Sharma *et al.*, 2013).**

2.1.1. Temperatura rectal (TR):

A temperatura corporal é uma boa medida da tolerância ao calor nos animais. Representa a resultante de todos os processos de ganho e perda de calor do corpo. A temperatura rectal (TR) é considerada um bom índice da temperatura corporal, embora exista uma variação considerável em diferentes partes do núcleo do corpo em diferentes alturas do dia **(Srikandakumar *et al.*, 2003)**. Mesmo um aumento de menos de 1° C na temperatura rectal foi suficiente para reduzir o desempenho da maioria das espécies pecuárias **(Shebaita e El-Banna, 1982)**, o que faz do corpo um indicador sensível da resposta fisiológica ao stress térmico, porque é quase constante em condições normais. Em vários estudos, verificou-se que a temperatura rectal dos caprinos se elevava com temperaturas ambientais elevadas **(Devendra, 1987; Marai *et al.*, 2007)**.

El-sherbiny *et al.* (1983) verificaram que a temperatura crítica inferior das cabras Egyptian Arabi e Zaraiby era de 20^0 C, enquanto a temperatura crítica superior destas raças era de 30^0 C e 35^0 C, respetivamente. Uma temperatura ambiente superior a estas temperaturas provocava um aumento da temperatura rectal nos caprinos, o que sugere que os mecanismos de perda de calor por evaporação eram insuficientes.

Lu (1989) referiu que a temperatura crítica superior dos caprinos com uma dieta de manutenção variava entre 25^0 C e 30^0 C e que o stress térmico ocorria quando eram expostos a uma temperatura ambiente superior a 30^0 C, o que provocava um aumento significativo da temperatura rectal. O limite de tolerância ao calor para as cabras situava-se entre 35^0 C e 40^0 C. Por seu lado, **Dahlanuddin e Thwaites (1993)** revelaram que as cabras selvagens australianas atingiam o seu limite de tolerância ao calor a uma temperatura ambiente (TA) de 40^0 C - 45^0 C e que a temperatura rectal (TR) aumentava de $39,1^0$ C para $39,7^0$ C com o aumento da temperatura ambiente de 25^0 C para 40^0 C.

Em cabras da raça Anglo-Nubiana, **Shalaby e Johnson (1993)** verificaram que a RT aumentou de 37^0 C para $39,3^0$ C quando a temperatura ambiente foi aumentada de 25^0 C; 65% de humidade relativa (RH) para 35^0 C; 25% RH.

El-Nouty *et al. (1990) afirmaram que a temperatura rectal das cabras Arabi era significativamente mais elevada no verão ($35,8^0$ C; 40% HR) do que na primavera ($24,8^0$ C; 68% RH) com valores de cerca de 39,3oC vs. $30,0^0$ C no verão e na primavera, respetivamente.

Abd El-Khalek (1997) verificou que, em cabras Baladi, a temperatura rectal no verão era de $39,7^0$ C±0,1 com $32,7^0$ C de temperatura ambiente (TA) e 47,5% de humidade relativa, enquanto no inverno era de $39,5^0$ C±0,1 com $23,8^0$ C e 47,2% de humidade relativa. Além disso, **Hassan (1989)** refere que existem diferenças entre as raças de caprinos no que se refere à temperatura rectal em condições egípcias, tendo verificado que as cabras anglo-nubianas têm uma temperatura rectal mais elevada do que as cabras Baladi e os seus cruzamentos.

Phulia *et al. (2010) registaram um aumento da temperatura rectal de $38,97^0$ C para $39,35^0$ C quando as cabras foram mantidas durante 6 horas a uma temperatura ambiente quente no verão. Em cabras da raça Black Bengal, **Alam *et al. (2011)** verificaram que não há diferença significativa na temperatura rectal entre os grupos expostos ao calor (de 0 horas de exposição a 8 horas por dia) com TA $28,7^0$ C e UR 87,83%. Estes resultados são inconsistentes com os de **Fahmy (1994)** e **Marai *et al. (1997)**, que referiram que o stress térmico aumentava a temperatura rectal dos caprinos.

El-Shafie (1997) demonstrou que as médias globais de IR eram constantemente mais baixas nas cabras Baladi do que nas cabras Damascus, sendo $39,2^0$ C e $39,6^0$ C na estação quente ($35,7^0$ C e 36,8% HR) contra $38,3^0$ C e $38,9^0$ C na estação fria ($20,6^0$ C e 48,2% RH), respetivamente.

Beatty *et al.* (2006) referiram que condições ambientais extremas resultam em temperaturas corporais centrais elevadas, reduções no consumo de alimentos, ofegantes, desequilíbrios ácido-base e electrólitos no plasma.

Avendano-Rayes *et al.* (2006) referiram que o aumento da temperatura corporal é um mecanismo normal através do qual os animais difundem o calor dos seus corpos para manter a termorregulação em condições ambientais quentes. A temperatura rectal é um indicador importante do equilíbrio térmico e pode ser utilizada para avaliar o impacto do stress térmico **(Spiers *et al.*, 2004)**.

Nas regiões áridas e semi-áridas, a escassez de alimentos que ocorre no verão está associada ao stress térmico. Os baixos níveis de alimentação, que diminuem a produção de calor metabólico, reduzem a temperatura rectal e a taxa de respiração **(Mohamad e Abdelatif, 2010)**.

2.1.2. Temperatura da pele (TS):

Vários estudos demonstraram que a temperatura da pele (TS) dos ovinos e caprinos era grandemente afetada pela temperatura do ar. Durante a exposição ao calor, a TS aumentava devido à vasodilatação, o que era benéfico para aumentar a perda de calor da pele **(Slee, 1966)**.

El-Sherbiny *et al.* (1983) verificaram que, nas cabras Arabi e Zaraiby, o aumento da temperatura do ar de 10 para 40°C aumentou significativamente a ST quando a temperatura do ar era superior a 30°C. A TS atingiu 40-40,5°C, quando a TA era de 40°C, enquanto era de 37,8°C a 25°C de TA. A ST é regulada pelo fluxo sanguíneo para a pele, evaporação, condução e radiação da pele. Com um fluxo sanguíneo periférico baixo (vasoconstrição), a TS é baixa e a perda de calor para o ambiente é reduzida. Com um fluxo sanguíneo periférico elevado (vasodilatação), a TS aproxima-se da temperatura central e a perda de calor para o ambiente aumenta **(Yousef, 1985).**

Shalaby e Johnson (1993) estudaram as respostas fisiológicas de cabras anglo-nubianas mantidas em condições ambientais quentes cíclicas (25-35°C de TA e 25-65% de HR) e verificaram que a TS aumentava significativamente com o aumento da TA. Referiram que a temperatura média global da pele das cabras era de 32,9°C.

Fahmy (1994) e **Marai** *et al.* *(1997)* referiram que o stress térmico aumentava a temperatura da pele dos caprinos. Além disso, os resultados de **khalifa** *et al.* *(2000)* mostraram que a exposição de cabras à radiação solar aumentou significativamente (p<0,01) a temperatura da pele em 1,0° C.

No entanto, **Alam** *et al.* *(2011)* verificaram que não há diferença significativa nas temperaturas da pele entre os grupos expostos ao stress térmico (de 0 horas de exposição a 8 horas por dia) com TA 28,7^0 C e RH 87,83%.

2.1.3. <u>Frequência respiratória (FR):</u>

A exposição ao stress térmico ou ao aumento da temperatura ambiente aumentou significativamente a frequência respiratória (FR) de diferentes raças de caprinos **(Appleman e Delouche, 1958** e **Bianca e Kunz, 1978**). A taxa de respiração foi um indicador de stress térmico no ambiente quente e apresentou correlações significativas com a concentração de corticóides circulantes, como indicado por **Kumar (2005).**

El-Sherbiny *et al.* *(1983)* verificaram que a frequência da RR das cabras Arabi e Zaraiby aumentava significativamente a uma temperatura do ar superior a 30° C; de 20 r/min a 60 e mais de 120 r/min a 35° C e 40° C, respetivamente.

Habeeb *et al.* *(1992)* referiram que a taxa de respiração dos caprinos pode ser elevada devido ao stress térmico. Durante o verão, a taxa de respiração das cabras é mais elevada do que no inverno **(Fahmy, 1994)** e quando caminham **(Khan e Ghosh, 1989).**

kumar e Singh (1994) referiram que a exposição à radiação solar durante 8 horas (40° C) aumentou significativamente a RR das cabras indianas de 34,96±1,1 para 62,13±1,7 r/min.

Abd El-Khalek (1997), quando expôs as cabras Baladi a uma TA de 34,5° C a 40° C, verificou que a FR aumentou de 52,2 ±2,5 r/min para 65,0±3,9 r/min, respetivamente. Resultados semelhantes foram registados por **El-Shafie (1997)** com cabras egípcias Baladi e Damascus, tendo a RR aumentado significativamente de 19,7 r/min para 37,8 r/min quando a TA aumentou de 15,6° C para 30,8° C, respetivamente.

khalifa _et al._ (2000) mostraram que a exposição de cabras à radiação solar aumentou significativamente (p<0,01) a taxa de respiração em 18 r/min.

Phulia _et al._ (2010) registaram um aumento da taxa de respiração de 43,66 para 77,33 r/min, respetivamente, quando as cabras foram mantidas durante 6 horas a uma temperatura ambiente quente no verão. Verificou-se que a taxa de respiração por minuto aumentou com o efeito da temperatura ambiente.

Alam _et al._ (2011) afirmaram que a taxa de respiração aumentou significativamente (P<0,01) com o aumento do período de exposição ao stress térmico (de 4 a 8 horas por dia) em comparação com o grupo de controlo (0 horas de exposição ao calor).

2.2. Efeito do stress térmico em alguns parâmetros sanguíneos dos caprinos:
2.2.1. Glicose no sangue:

Os níveis de glicose no sangue são mecanismos de adaptação fisiológica que podem ser afectados por temperaturas ambiente elevadas. Os níveis de glicose no sangue apresentam maiores diferenças em condições de calor do que na zona de conforto. Alguns investigadores referiram que as condições climáticas quentes diminuem os níveis de glicose no sangue **(Marai _et al._, 1995; Ocak _et al._, 2009)**.

Webster (1976) concluiu que o aumento da glicose plasmática em condições de calor pode dever-se à diminuição da utilização da glucose, à depressão das secreções de enzimas catabólicas e anabólicas e à subsequente redução da taxa metabólica. Por outro lado, **Sano** *et al.* **(1985)** verificaram que as alterações no metabolismo da glucose no sangue, imediatamente após a exposição a um clima quente em ovinos, eram poucas. No entanto, **Marai** *et al.* **(1992)** verificaram, em ovelhas Ossimi adultas, que o nível de glucose no sangue era significativamente mais elevado durante o verão do que no inverno. Além disso, **Da silva** *et al.* **(1992)** referiram que a glucose no sangue aumentava sob temperaturas elevadas em ovinos (de $56{,}36 \pm 0{,}65$ mg/dl para $60{,}52 \pm 0{,}69$ mg/dl).

Os resultados de **Hassanin** *et al.* **(1996) e Okoruwa (2014)** indicaram que a glucose no sangue dos caprinos aumentava com a exposição ao stress térmico. Além disso, **Bahga** *et al.* **(2009) e Ocak e Guey (2010)** referiram que o nível de glucose no sangue dos caprinos diminuía durante o verão e aumentava durante o inverno.

2.2.1. Alanina transaminase (ALT) e aspartato transaminase (AST):

O nível sérico de aspartato transaminase (AST) e de alanina transaminase (ALT) é útil no diagnóstico do bem-estar dos animais. Verificou-se que o valor sérico da ALT está aumentado durante o stress térmico em caprinos

(Sharma e Kataria, 2011). Não foram observadas alterações significativas no nível de AST em caprinos durante o stress térmico **(Ocak** *et al.,* **2009; Sharma e Kataria, 2011).** A este respeito, **Jessica e Lewis (1976)** referiram que a concentração de AST em cabras adultas era de 107,0 UI.

A maioria dos estudos mostra que as actividades das transaminases séricas se alteram com a mudança da temperatura ambiente. Alguns estudos mostraram que os valores médios globais de AST sérica eram mais elevados no verão do que no inverno, enquanto a ALT sérica não era significativamente afetada pela estação do ano em ovelhas Barki e Rahmani **(Okab** *et al.,* **1993).** Outros estudos mostraram que o nível de ALT era significativamente mais elevado no verão do que no inverno em Chios e nos seus cruzamentos com borregos Ossimi **(Salem** *et al.,* **1998),** e que o nível de AST diminuía significativamente durante o verão em ovelhas Karakul (**Baumgartner** e **Parnthaner, 1994**). Por outro lado, **Marai *et al.* (2004)** verificaram que os níveis séricos de AST e ALT não foram afectados de forma significativa pela estação do ano (verão, outono e inverno) em Ossimi x Suffolk, em condições egípcias. O aumento das actividades de AST e ALT séricas nos animais sujeitos a stress térmico pode dever-se ao aumento da estimulação da gluconeogénese pelos corticóides (aumento do cortisol, da cortisona ou da hormona adrenocorticotrófica) (**Thompson, 1973; Habeeb, 1987** e **Marai *et al.*, 1995**).

2.2 3. Proteínas totais (PT):

A importância da proteína total do sangue (PT) durante o stress térmico é percebida a partir da sua função de manter uma percentagem adequada de água nos fluidos intra-vasculares e de manter a viscosidade do sangue (**Harper *et al.*, 1977**).

Macfarlane *et al.* (1996) verificaram que as proteínas totais plasmáticas aumentavam 60% durante o verão em três estudos de campo em ovinos Merino expostos ao sol.

Em cabras, **Hassanin *et al.* (1996)** indicaram que a TP plasmática aumentava com o stress térmico. A este respeito, **Dangi *et al.* (2012)** revelaram uma diminuição significativa da concentração de proteínas totais e um aumento das concentrações de proteínas de choque térmico (HSP) em cabras durante o stress térmico. A proteína plasmática total diminuiu de 6,56 para 5,88 g/dl, respetivamente, em cabras Balady sujeitas a stress térmico de curta duração durante dois dias (**Helal *et al.*, 2010**). Isto pode dever-se ao aumento do volume plasmático em resultado do choque térmico, que resulta numa diminuição da concentração de proteínas plasmáticas. A exposição prolongada a radiações solares aumentou as proteínas totais do plasma, a albumina e a globulina. Tal pode dever-se à vasoconstrição e à diminuição do volume plasmático durante o stress térmico (**Helal *et al.*, 2010**).

Okoruwa (2014) estudou o efeito da exposição ao stress térmico (radiação solar) em cabras anãs durante 5 horas em horários diferentes - das 8:00 às 13:00 ou das

13:00 às 18:00 - diariamente. Os resultados revelaram um aumento significativo (P<0,05) na proteína total do soro de 4,02 g/dl para 5,12 g/dl, respetivamente.

2.2 4. Albumina (Alb):

Baumgartner e Parnthaner (1994) referiram que o nível de albumina sérica (Alb) era significativamente (P<0,05) mais baixo no verão do que durante o inverno em ovelhas Karakul e Ossimi x Suffolk. A diminuição da concentração de albumina sérica foi estimada em cerca de 10% **(Marai *et al.*, 1996** e **Yousef *et al.*, 1996)**. Além disso, **Ismail (2013)** indicou que a albumina sérica era mais baixa em carneiros Ossimi sujeitos a stress térmico. No entanto, **Salem *et al.* (1998)** observaram que o nível de albumina sérica era mais elevado no verão do que no inverno em Chios e cruzamentos de Chios com cordeiros Ossimi, no Alto Egito.

Os resultados de **Helal *et al.* (2010)** indicaram que a albumina plasmática diminuiu de 2,53 para 2,08 g/dl em resultado de uma exposição de curta duração (dois dias) ao stress térmico em cabras Balady. **Okoruwa (2014)** verificou que a exposição de cabras ao stress térmico aumentou significativamente o nível de albumina de 2,90 g/dl para 3,88 g/dl, de acordo com a data. Além disso, o rácio A/G aumentou de 2,59% para 3,13%.

2.3 .5. Globulina (Glb):

O nível de globulina (Glb) no plasma sanguíneo foi afetado de forma insignificante pela estação do ano (inverno, verão e outono) em carneiros Ossimi x Suffolk em condições egípcias **(Marai *et al.*, 2004)**. Além disso, **Okoruwa (2014)** afirmou que o nível de globulina em cabras anãs não foi significativamente afetado pela exposição ao stress térmico.

No entanto, **Helal *et al.* (2010)** referiram que a globulina plasmática diminuiu de 4,04 para 3,80 g/dl em cabras Balady sujeitas a stress térmico de curta duração durante dois dias.

2.2. 6. Colesterol total (CT):

A concentração de colesterol diminui acentuadamente com o aumento da temperatura ambiente (**Shaffer *et al.*, 1981; Abdel-Samee, 1987; Marai *et al.*, 1995 e Habeeb *et al.*, 1996).** A diminuição acentuada da concentração de colesterol pode dever-se à diluição resultante do aumento da água corporal total ou à diminuição da concentração de acetato, que é o principal precursor da síntese de colesterol. O aumento acentuado do nível da hormona glucorticóide (em animais sujeitos a stress térmico) pode ser outro fator que causa a diminuição dos níveis de colesterol no sangue (**Marai *et al.*, 2008 e Gupta *et al.*, 2013).**

Os resultados de **Bahga *et al.* (2009) e Ocak e Guey (2010)** indicaram que o nível de colesterol total diminuiu durante o verão e aumentou durante o inverno nos caprinos.

2.2.7. Ureia:

É bem sabido que a ureia é considerada o principal produto metabólico final do catabolismo dos aminoácidos nos mamíferos. A formação de ureia está inteiramente limitada ao fígado. Nos ruminantes, a ureia que entra no sangue é sintetizada pelo fígado a partir do amoníaco absorvido do trato gastrointestinal para a circulação sanguínea e dos processos de desaminação da degradação do azoto aminado. A ureia, formada como produto final do metabolismo do azoto no fígado dos ruminantes, sai funcionalmente do pool de fluidos corporais por três vias principais: o rúmen, o abomaso e o intestino (**Smith, 1989).** De facto, o nível de ureia hemática é muito variável, dependendo da degradação das proteínas para a gluconeogénese, do catabolismo normal dos aminoácidos e do amoníaco ruminal.

Verificou-se que a exposição a uma temperatura ambiente elevada estava associada a uma diminuição da ureia-N nos bovinos (**Aboul-Naga *et al.*, 1987**; **El-Masry, 1987**; **Abdel-Samee *et al.*, 1989, Kamal *et al.*, 1989 e Ahmed, 1990**).

A depressão da ureia-N sanguínea associada ao stress térmico nos animais pode dever-se a uma maior reabsorção da ureia-N do sangue para o rúmen, a fim de compensar a diminuição da amónia-N ruminal resultante da diminuição da ingestão de alimentos e do consumo de azoto digestível (**Yousef, 1990 e Marai e Habeeb, 1998**). Além disso, o aumento da excreção urinária de azoto em condições de stress térmico grave, indicado por um balanço negativo de azoto, pode também contribuir para a diminuição do nível de ureia sérica nessas condições (**Kamal e Johnson, 1971 e Habeeb *et al.*, 1992**).

Por outro lado, **Shwartz *et al.* (2009)** verificaram que o stress térmico aumentava a concentração plasmática de ureia-N de 11,5 para 14,8 mg/dl em vacas Holstein em lactação.

Dixon *et al.* (1999) referiram que o ambiente quente reduziu o equilíbrio de azoto em ovinos Merino x Border Leicester, provavelmente devido à diminuição da ingestão total de MS e ao aumento da respiração ofegante. A diminuição do nível de ureia-N no sangue foi estimada em 16 % em animais da raça frísia (**El-Masry, 1987 e Kamal *et al.*, 1989**), 28 % em vacas em lactação (**Aboul-Naga *et al.*, 1987**) e 30 % em vitelos, em condições de stress térmico (**Habeeb, 1987**). A depressão do teor de ureia-N no sangue associada à exposição dos animais ao stress térmico pode dever-se a uma maior reabsorção do teor de ureia-N do sangue para o rúmen, a fim de compensar a diminuição do teor de amoníaco no rúmen resultante da diminuição da ingestão de alimentos (**El-Fouly *et al.*, 1978 e Yousef *et al.*, 1996**) e/ou ao aumento da excreção urinária de azoto em condições de stress térmico grave, como indicado por um balanço negativo de azoto (**Kamal *et al.*, 1962**).

2.3. <u>Relação entre o stress térmico e o nível de algumas hormonas esteróides:</u>

2.4. <u>1. Estradiol-17β (E$_2$):</u>

Em cabras, o stress térmico reduziu as concentrações plasmáticas de estradiol e diminuiu a concentração folicular de estradiol, a atividade da aromatase, o nível do recetor de LH e atrasou a ovulação (**Ozawa *et al.*, 2005**).

Roth *et al.* (2000) sugeriram que a atresia precoce em folículos de tamanho médio devido ao stress térmico poderia estar associada a uma baixa produção de estradiol pelas células da granulosa e a um aumento das concentrações de progesterona no fluido folicular de vacas sujeitas a stress térmico.

As concentrações plasmáticas de estradiol são reduzidas pelo stress térmico em vacas leiteiras **(Wolfenson *et al.*, 1995; Wolfenson *et al.*, 1997 e Wilson *et al.*, 1998)**, um efeito que é consistente com a diminuição das concentrações da hormona luteinizante (LH) e a redução da dominância do folículo selecionado, embora este efeito nem sempre tenha sido observado **(Rosenberg *et al.*, 1982)**.

Os mecanismos pelos quais o stress térmico altera as concentrações das hormonas reprodutivas circulantes não são conhecidos. Alguns efeitos do stress térmico podem envolver a hormona adrenocorticotrópica (ACTH). O stress térmico pode causar um aumento da secreção de cortisol **(Roman-Ponce *et al.*, 1981; Wise *et al.*, 1988 e Elvinger *et al.*, 1992)**, e foi relatado que a ACTH bloqueia o comportamento sexual induzido pelo estradiol **(Hein e Allrich, 1992)**. Foi sugerido um aumento da secreção de corticosteróides **(Roman-Ponce *et al.*, 1977)**, uma vez que este pode inibir a GnRH e, consequentemente, a secreção de LH **(Gilad *et al.*, 1993)**.

Num estudo pormenorizado realizado por **Gilad *et al. (*1993)**, verificou-se que o stress térmico inibia a secreção de gonadotropinas em maior grau em vacas com baixas concentrações plasmáticas de estradiol do que naquelas com concentrações elevadas. Este estudo sugere que concentrações elevadas de estradiol podem contrariar o efeito do stress térmico ou, em alternativa, que o mecanismo neuroendócrino que controla a secreção de gonadotropinas é mais sensível ao stress térmico quando as concentrações de estradiol no plasma são baixas.

Wolfenson *et al. (*1997) sugeriram que o stress térmico pode atuar diretamente sobre o ovário, diminuindo a sua sensibilidade à estimulação com gonadotropinas. Também as células somáticas no interior dos folículos (células theca e granulosa) podem ser danificadas pelo stress térmico. Em termos de produção de esteróides, verificou-se que as células tecais e as células da granulosa são susceptíveis ao stress térmico **(Roth *et al.*, 2001)**.

<u>**2.3. 2. Progesterona (P4):**</u>

Emesih *et al.* (1995) referiram que as cabras prenhes expostas ao stress térmico apresentavam concentrações plasmáticas de progesterona mais elevadas do que as cabras mantidas a uma temperatura ambiente moderada. No entanto, **El-Darawany *et al.* (2005)** verificaram que o efeito da estação do ano sobre a progesterona plasmática em cabras prenhes não era significativo. Em particular, **Marai *et al.* (2004)** verificaram que o nível de progesterona na urina (eficaz) de ovelhas no 21.º dia após o acasalamento era significativamente mais elevado (P<0,05) no verão do que no inverno e no outono.

Wilson *et al.* (1998) verificaram que o stress térmico não tinha qualquer efeito sobre as concentrações plasmáticas de progesterona, mas que a luteólise era retardada. Vários outros estudos referiram um aumento **(Abilay *et al.*, 1975; Vaught *et al.*, 1977 e Trout *et al.*, 1998)**, uma diminuição **(Rosenberg *et al.*, 1977, Younas *et al.*, 1993; Howell *et al.*, 1994; Jonsson *et al.*, 1997 e Ronchi *et al.*, 2001)** ou uma manutenção **(Roth *et al.*, 2000 e Guzeloglu *et al.*, 2001)** das concentrações sanguíneas desta hormona durante o stress térmico estival em vacas leiteiras. Estas diferenças surgem provavelmente devido a alterações não controladas de outros   factores que afectam as concentrações sanguíneas de rogesterona. Por exemplo, o tipo de stress térmico (isto é, agudo ou crónico) e as diferenças na ingestão de matéria seca afectarão independentemente as concentrações de progesterona no sangue, confundindo assim a situação.

As células do corpo lúteo diferenciam-se das células do folículo, pelo que, se o stress térmico diminuir a progesterona sanguínea, essa diminuição pode resultar dos efeitos do stress térmico no folículo, que, em última análise, se transmitem ao corpo lúteo **(Roth *et al.*, 2001).**

As baixas concentrações plasmáticas de progesterona durante a fase lútea do ciclo estral pré-concecional podem comprometer o desenvolvimento folicular, conduzindo a uma maturação anormal dos oócitos e à morte embrionária precoce **(Ahmad *et al.*, 1995).** Durante o ciclo de conceção, as baixas concentrações de progesterona também podem levar ao fracasso da implantação **(Mann *et al.*, 1999; Lamming e Royal, 2001).**

No ciclo de conceção, o efeito da progesterona está muito provavelmente relacionado com a necessidade de desenvolvimento sincrónico do embrião e o desenvolvimento atrasado ou avançado do corpo lúteo conduzirá a taxas mais elevadas de insucesso da implantação **(Lamming e Royal 2001)**. De facto, foi referido que o padrão do aumento pós-ovulatório da progesterona está relacionado com a fertilidade **(Darwash *et al.*, 1999).**

2.3.3. Cortisol:

A hormona cortisol desempenha um papel muito importante em muitas funções fisiológicas, especialmente na produção de energia, regulação térmica, lactogénese e regulação da produção de leite **(Abdel-Samee *et al.*, 2000).**

Verificou-se que os níveis de cortisol diminuíam nas espécies poligástricas expostas a temperaturas elevadas **(Kamal et *al.*, 1989)**. Outros estudos mostraram que o nível da hormona cortisol aumentou significativamente sob temperatura ambiente elevada **(Yousef *et al.*, 1997).**

Em cabras Beetal, o nível de cortisol no plasma sanguíneo foi significativamente mais elevado em condições quentes e húmidas do que em condições quentes e secas **(Koushish et *al.*, 1997)**. O aumento dos glucocorticóides foi estimado em 38 % após 1 h e 62 % após 2 h, atingindo um pico de 120 % às 4 h quando expostos a condições de calor, tendo depois diminuído gradualmente para valores não diferentes dos normais após 48 h e permanecido a este nível ou abaixo dele durante o resto da duração da exposição **(Alvarez e Johnson, 1973).**

Marai *et al.* (2004) confirmaram que o nível de cortisol no plasma sanguíneo do carneiro Ossimi x Suffolk era significativamente mais elevado (P<0,05) no verão do que no inverno e no outono, em condições egípcias. No entanto, **Abdel-Samee (1991)** demonstrou que o nível da hormona cortisol não estava correlacionado nem com a temperatura ambiente nem com o índice de temperatura e humidade

(THI) no garrote de Hampshire x Suffolk.

Lowe *et al. (2002)* verificaram, em borregas cruzadas Romney submetidas a condições ambientais controladas, que as borregas sujeitas a stress térmico apresentavam concentrações crescentes de cortisol no plasma depois de a temperatura rectal (TR) atingir aproximadamente 40,7° *C.*

2.4. Relação entre o stress térmico e alguns desempenhos reprodutivos:

As cabras são animais poliéstricos que ovulam espontaneamente. A reprodução nas cabras é descrita como sazonal; o início e a duração da época de reprodução dependem de vários factores, como a latitude, o clima, a raça, o estádio fisiológico, a presença do macho, o sistema de reprodução e, especificamente, o fotoperíodo (**Fateta *et al.*, 2011**).

Embora as raças caprinas autóctones tenham uma excelente capacidade de acomodação e de adaptação às flutuações do meio ambiente, isso implica frequentemente um certo grau de fracasso reprodutivo (**Devendra e Burns, 1983**).

2.4.3. Cio e ovulação:

As funções reprodutivas das fêmeas são afectadas negativamente quando expostas a uma temperatura ambiente elevada. A duração do ciclo estral é reduzida, ou seja, o estro é suprimido e afecta a ovulação. A falha na fertilização dos óvulos e a mortalidade embrionária precoce podem também ser devidas ao acasalamento durante o tempo quente, uma vez que um grande número de óvulos produzidos é anormal e um pequeno número é fertilizado (**Casu *et al.*, 1991**).

O aumento da temperatura corporal causado pelo stress térmico tem consequências adversas diretas na função celular. O folículo destinado à ovulação emerge como folículo antral 41,5 dias antes da ovulação (**Lussier *et al.*, 1987**). Por conseguinte, o stress térmico durante o período de crescimento folicular tem o potencial de comprometer o oócito, quer devido a acções diretas da temperatura elevada sobre o oócito, quer devido a alterações da função folicular que podem comprometer a qualidade do oócito.

Badinga _et al._ _(1993)_ observaram que o stress térmico agudo reduziu o tamanho do folículo dominante da primeira onda até ao oitavo dia do ciclo estral e que o folículo continha menos fluido folicular do que o de uma vaca sem stress térmico. **Wilson _et al._ _(1998)_** também observaram uma redução do tamanho folicular em vacas sujeitas a stress térmico e relacionaram-na com uma diminuição da esteroidogénese nas células theca, nas células da granulose ou em ambas.

O stress térmico reduz a duração e a intensidade do ciclo estral, altera o desenvolvimento folicular e aumenta a taxa de apoptose nos folículos antrais e pré-antrais **(Shimuzu _et al._, 2005)**.

Ozawa _et al._ _(2005)_ afirmaram que o stress térmico durante o recrutamento folicular suprimiu o crescimento subsequente até à ovulação em cabras, altera o crescimento folicular **(Roth _et al._, 2000 e Hansen, 2009)** e perturba o desenvolvimento e a função dos oócitos **(Zeron _et al._, 2001; AL-Katanani _et al._, 2002; Sartori _et al._, 2002 e Hansen, 2009)**.

O stress térmico altera a eficiência da seleção e dominância folicular e tem efeitos adversos na qualidade dos folículos ováricos **(Badinga _et al._, 1993)** e na esteroidogénese folicular **(Roman-Ponce _et al._, 1977; Rosenberg _et al._, 1982; Howell _et al._, 1994 e Wolfenson _et al._, 1995)**.

2.4.4. <u>Taxa de conceção:</u>

Aboul-Naga *et al.* *(1987)*; **El-Darawany (1999) e Marai** *et al.* *(2004)*
encontraram relações negativas entre a taxa de conceção e a temperatura
ambiente e a duração do dia, em ovelhas Ossimi, Rahmani e Ossimi x Suffolk,
respetivamente. Além disso, Marai *et al.* **(2006) observaram que a época de**
acasalamento do verão apresentava, em geral, a taxa de conceção mais baixa.
Outros estudos mostraram que a taxa de conceção era mais baixa para as
ovelhas acasaladas durante o inverno (El-Fouly *et al.***, 1984) ou durante as**
épocas de acasalamento de fevereiro e junho (Mokhtar *et al.***, 1991).**

Kinne (2000), referindo-se a fêmeas de porcos nos EUA, afirma que as fêmeas têm taxas de conceção mais baixas na primavera e no verão, quando o fotoperíodo e a temperatura aumentam, e que uma temperatura superior a 32^0 C pode causar stress térmico, especialmente quando combinada com humidade elevada, aumento da atividade e excesso de gordura corporal (condição corporal). O efeito depressivo da temperatura elevada no comportamento sexual e nas actividades de acasalamento de pequenos ruminantes, tanto fêmeas como machos, tem sido relatado como uma fonte de falhas de fertilização bem como de mortalidade embrionária noutros locais nos trópicos **(Braden e Mattner, 1970; Kelly, 1986)**, mas não na África Subsaariana **(Abassa, 1995).**

Existem muitas causas para as baixas taxas de conceção durante o verão, incluindo a redução da qualidade dos oócitos **(Gendelman** *et al.***, 2010 e Shehab-El-Deen** *et al.***, 2010)**, a falha na fertilização **(Sartori** *et al.***, 2002)**, a redução do desenvolvimento embrionário **(Ealy** *et al.***, 1993 e Sartori** *et al.***, 2002)** e a alteração da secreção de várias hormonas.

2.4.5. Reprodução e gestação:

A cópula ocorre durante o cio, portanto, geralmente antes da ovulação. Assim, o esperma que progride através do trato genital feminino pode estar presente no oviduto na altura da ovulação. Entretanto, outros espermatozóides são retidos no colo do útero onde as condições de preservação são boas (até 3 dias) e libertados continuamente no útero onde a sobrevivência é limitada a cerca de 30 horas

(Hulet e Shelton, 1980).

Mellado *et al.* (2000) observaram que a duração média da gestação é de cerca de 149 dias, mas pode variar um pouco consoante as raças. A raça da mãe, o peso da ninhada, a época de reprodução e a paridade tiveram efeitos sobre a duração da gestação. O número de cabritos nascidos e o sexo dos cabritos não foram uma fonte significativa de variação que afectasse esta caraterística. As cabras da raça Granadina tiveram a gestação mais curta (149,0±0,31 dias), enquanto as cabras das raças Toggenburg (151,7±0,28 dias) e Alpina (151,4±0,46 dias) tiveram a mais longa. As cabras Boer também têm uma gestação curta: 148,2 ±3,7 dias **(Greyling, 2000)**.

A gestação das cabras criadas no verão foi um dia mais longa do que a das cabras acasaladas no outono e verificou-se uma redução progressiva da duração da gestação com o aumento da paridade. A pseudo-gravidez é uma doença bem conhecida nos caprinos e parece ocorrer mais frequentemente em animais criados fora da época natural de reprodução e/ou após uma ovulação induzida.

A frequência de incidência da pseudo-gravidez é significativamente mais elevada nas cabras mais velhas do que nas cabras de um ano **(Hesselink, 1993 e Brice *et al.*, 2003)**.

Laburn *et al.* (2002) afirmaram que a termorregulação fetal é inibida no útero e que a temperatura corporal fetal depende principalmente da produção de calor metabólico fetal e da troca de calor com a mãe.

Faurie *et al.* (2001) referiram que, em condições normais (21^0 C), a temperatura do corpo do feto ($39,5^0$ C) era $0,6^0$ C superior à temperatura do corpo da mãe ($38,9^0$ C) em cabras prenhes tardias. Quando as cabras foram expostas ao stress térmico (40^0 C e 60% HR) durante 2 horas, a temperatura corporal do feto aumentou, tal como a temperatura materna, mas a taxa de aumento foi mais lenta do que a da mãe.

Esse menor incremento na temperatura corporal do feto pode indicar uma produção reduzida de calor metabólico fetal, que pode ser devida à diminuição do fluxo sanguíneo uterino e à hipóxia **(Bell, 1987)**. Isso pode resultar em desnutrição fetal e, eventualmente, em retardo do crescimento fetal **(Tao e Dahl, 2013)**.

2.4.6. Taxa de brincadeira:

A taxa de ovulação e o tamanho da ninhada foram significativamente mais elevados em setembro (outono) do que em janeiro (inverno) e maio (primavera), épocas de reprodução **(Gabr *et al.*, 1989)**. Os compostos estrogénicos que podem estar presentes nas forragens verdes, como no trevo egípcio (*Trifoluim alexandrenium*) durante o inverno **(Bennetts *et al.*, 1964; El-Fouly *et al.*, 1984)** e a elevação da temperatura ambiente durante a primavera **(Abdel-Hafez, 2002)**, podem ser responsáveis pela diminuição da taxa de ovulação e do número de borregos nascidos.

Fletcher e Geytenbeek (1970), Sefidbakh *et al.* (1980) e El-Fouly *et al.* (1984) referiram que a taxa de parição aumentou ligeiramente no verão em comparação com as cobrições de inverno em diferentes raças de ovelhas.

2.4.7. Tamanho da ninhada:

A prolificidade ou tamanho da ninhada é definida como o número de descendentes nascidos por parto **(Haumesser, 1975; Haumesser e Gerbaldi, 1980)**. Outras definições que especificam que os cabritos/cabritos têm de estar vivos à nascença podem não ser adequadas.

O tamanho médio das ninhadas pode ser calculado numa base anual para ser consistente com a taxa anual de fertilidade.

Griffiths *et al.* (1970) submeteram ovelhas da raça Blackface a stress pelo frio 18 dias antes do acasalamento e relataram que a taxa de ovulação era significativamente mais baixa nos grupos tratados do que nos grupos de controlo (1,52 v 1,86). Concluíram que a exposição ao frio e ao tempo húmido durante o ciclo estral antes do acasalamento pode reduzir a fecundidade (número potencial total de óvulos que podem ser libertados ou de descendentes que podem nascer num intervalo de reprodução).

Steine (1975) encontrou um número de ninhadas significativamente maior no inverno do que no verão na Noruega. Em contraste, **Crepaldi *et al.* (1998)** não encontraram nenhum efeito significativo da época do parto no tamanho da ninhada, embora haja uma maior prolificidade no inverno. Além disso, **Crepaldi *et al.* (1998)** referiram que a prolificidade das cabras alpinas era em média de 1,2 no primeiro parto, 1,5 no segundo parto e 1,7 no terceiro parto.

Mellado e Meza-Herrera (2002) investigaram o efeito da temperatura no momento do acasalamento sobre a prolificidade de fêmeas mexicanas. Quando a temperatura ambiente máxima na altura do acasalamento era superior a 36^0 C, a prolificidade das coelhas expostas a temperaturas mais altas ou mais baixas um dia antes do acasalamento era de 1,56 e 1,65, respetivamente (P<0,05). Da mesma forma, quando a temperatura ambiente máxima no momento do acasalamento foi de 34 C-36^{00} C, a prolificidade foi maior para as coelhas expostas a temperaturas mais baixas do que a temperaturas mais altas um dia (1,64 vs. 1,49; P<0,01) ou 3 dias (1,63 vs. 1,48; P<0,01) após o acasalamento, em relação à temperatura no dia do acasalamento. Concluíram que o aumento do tamanho da ninhada é esperado com temperaturas mais baixas antes ou depois de dias quentes na altura do acasalamento.

O tamanho da ninhada à nascença / ovelha acasalada foi maior no outono do que nas outras épocas de acasalamento. A cobrição de setembro ultrapassou a cobrição de maio em 36 e 29% em Rahmani e Ossimi, respetivamente **(Aboul-Naga *et al.*, 1987)**.

Abdel-Hafez (2002) e Marai *et al.* (2004 e 2006) verificaram que a taxa de parição foi insignificantemente afetada pela época de reprodução do ano (verão, outono e inverno) em ovelhas Ossimi x Suffolk, em condições subtropicais. As percentagens de borregos desmamados / ovelha unida foram mais baixas nas ovelhas Merino e Ossimi acasaladas na primavera e nas Ossimi x Merino e Ossimi x Suffolk acasaladas no inverno do que nas outras estações **(Aboul-Naga e**

Aboul-Ela, 1985). As percentagens de borregos desmamados / ovelha parida foram elevadas nas cobrições da primavera, do outono e do inverno. Geralmente, o número de borregos por ninhada é influenciado pelo genótipo, pela idade da ovelha e pelo regime alimentar **(Johnson, 1987)**, pela temperatura ambiente aquando do acasalamento **(Curtis,1983)** e pela estação de acasalamento **(Aboul-Naga *et al.*, 1987; Gabr *et al.*, 1989 e Mokhtar *et al.*, 1991)**.

2.4.8. Peso à nascença:

Taiwo *et al.* (2005) e Zahradden *et al.* (2008) registaram um efeito significativo (P<0,05) da estação do ano no peso à nascença dos cabritos.

Ukanwoko *et al.* (2012) estudaram o efeito de diferentes estações (início da estação chuvosa, fim da estação chuvosa, início da estação seca e fim da estação seca) no peso das crianças à nascença. Os resultados indicaram que a estação de nascimento influenciou significativamente (P<0,05) o peso à nascença das crianças. As crianças nascidas no início da estação seca eram semelhantes (P>0,05) em peso às nascidas no final da estação seca, mas mais pesadas e significativamente (P<0,05) diferentes das nascidas no início da estação chuvosa e no final da estação chuvosa.

Mia *et al.* (2013) verificaram que os cabritos nascidos no inverno de cabras pretas de Bengala eram significativamente (P<0,05) mais pesados do nascimento aos 9 meses de idade, do que os seus homólogos da estação das chuvas. O efeito da estação pode ser explicado em parte pelas condições climáticas, no entanto, as práticas de alimentação em diferentes estações para mães e filhos foram semelhantes. A influência importante da estação do ano no peso vivo dos cabritos foi registada em várias raças **(Warmington e Kirton, 1990 e Hermiz *et al.*, 1997)**.

Singh *et al.* (1991), Husain *et al.* (1996) e **Singh e Singh (1998)** referiram um efeito não significativo da estação de nascimento no peso corporal em diferentes fases de crescimento. Além disso, **Abiola e Onwuka (1998)** referiram um efeito não significativo da estação do ano no peso à nascença de ovinos e caprinos anões da África Ocidental.

Al-Shorepy *et al. (*2002) observaram um efeito não significativo da estação de nascimento sobre o peso ao nascer, mas um efeito significativo sobre o peso ao desmame foi observado em cabras dos Emirados.

2.4.9. Atividade sexual pós-parto e intervalo entre partos:

O período pós-parto (PP) é constituído por uma série de reajustamentos anatómicos e fisiológicos integrados do útero e do sistema endócrino, e é um fator crucial para o restabelecimento da capacidade reprodutiva e da ciclicidade regular de uma cabra reprodutora. As alterações morfológicas ou o seu atraso no útero PP e nos ovários dos animais de criação exercem uma limitação sobre o desempenho reprodutivo após o parto (**Greyling, 2000**). A conclusão da involução uterina e o recomeço da atividade sexual após o parto nos ruminantes dependem normalmente de vários factores, como a nutrição, a amamentação da descendência e a estação do parto (**Van Wyk *et al.*, 1972; Delgadillo *et al.*, 1998; Mwaanga e Janowski, 2000; Yavas e Walton, 2000**).

Diferentes relatórios de investigação mostraram intervalos diferentes para completar a involução uterina em cabras. No entanto, **Baru *et al. (*1983)** demonstraram uma involução uterina macroscópica completa no dia 19 PP, cnquanto **Greyling e Van Niekerk (1991)** referiram o dia 28 PP como o dia da involução uterina completa. Além disso, o estudo histoquímico do endométrio caprino indicou regressão completa do endométrio e reepitelização no 16º dia PP (**Sanchez *et al.*, 2002**).

Degefa *et al. (*2006) demonstraram que a involução uterina se completava em 20-25 dias em condições normais e não patológicas e que o útero assumia o seu tamanho pré-gravídico no dia 19 PP em cabras Balady.

Greyling (1988) afirmou que o período de anestro pós-parto das cabras que pariram em maio era significativamente mais curto (P<0,01) do que o das cabras Boer que pariram em outubro (37,3±12,5 contra 59,9±18,0 dias, respetivamente).

Isto está de acordo com **Restall e Starr (1977)** que sugeriram que a época de parição pode ter um efeito no período de anestro pós-parto.

Rigor *et al. (***1984)** verificaram que 40% das cabras Boer que pariram em outubro voltaram a conceber no prazo de 99 dias após o parto. O intervalo médio entre o parto e a conceção registado foi de 62,0 -20,2 dias. Não se registaram diferenças significativas no intervalo de anestro pós-parto para as coelhas que deram à luz diferentes números de crias.

Relativamente ao estado endócrino reprodutivo das coelhas durante o período pós-parto, os níveis séricos de progesterona das duas épocas de parição (início do verão versus final do outono) não diferiram significativamente durante todo o período de amostragem. Verificou-se uma tendência para a concentração média de progesterona sérica no grupo do início do verão ser mais elevada a partir dos 76 dias (imediatamente antes da época de reprodução natural) após o parto - sugerindo uma maior atividade ovárica durante este período **(Greyling, 1988)**.

A ovulação durante o início do período P.P. está associada a uma maior incidência de atividade lútea prolongada **(Mitchell** *et al.,* **2003)**. Durante o período de anestro P.P, as concentrações de progesterona permaneceram em níveis basais, flutuando entre 0,1 e 0,9 ng/mL e exibiram um aumento nos níveis basais com o recomeço da ciclicidade pós-parto em cabras anãs **(Khanum** *et al.,***2007)**. A concentração de progesterona no plasma aumentou

O estro foi registado transitoriamente após a primeira ovulação, mas voltou a diminuir rapidamente para os níveis de base em cabras Shiba não sazonais **(Takayama** *et al.,* **2010)**. A primeira ovulação, não acompanhada de estro, em cabras crioulas ocorreu a partir da terceira semana p.p. **(Chemineau** *et al.,* **1993)**.

2.5. Técnicas de atenuação do stress térmico:

2.5.3. Técnicas físicas:

2.5.4. 1. Circulação do ar (ventoinhas):

O vento afecta a perda de calor da superfície corporal de um animal através dos processos de convecção e evaporação. O movimento do ar (ventoinhas) parece ser eficaz em zonas de humidade baixa ou elevada, arrefecendo o ar e aumentando a humidade relativa **(Shearer *et al.*, 1999)**.

No entanto, se a temperatura do ar for superior à temperatura da pele, esta ganhará calor do ar circundante. A temperaturas do ar superiores a 39° C, o ar em movimento torna-se uma fonte de stress térmico para as vacas leiteiras **(Kurihara e Shioya, 2003)**.

2.5.4.2. <u>Ar condicionado e/ou arrefecimento por evaporação:</u>

O arrefecimento evaporativo, também conhecido como ventilação de ar forçado, funciona utilizando a energia térmica do ar para evaporar a água, baixando a temperatura do ar e aumentando a humidade relativa **(Bearden e Fuquay, 1992 e Bray, *et al.*, 1992).** Os sistemas de almofadas de arrefecimento evaporativo e as ventoinhas são eficazes em climas quentes e áridos e baixam a temperatura do ar em 8-12° F, mas aumentam a humidade relativa **(Bray, *et al.*, 1992)**.

Turner *et al. (*2004) referiram que o método de arrefecimento mais económico é o arrefecimento evaporativo, utilizando jactos de água ou mini aspersores e ventoinhas. Aspergir o animal com água ajuda a dissipar o calor da pele através da condução e depois da evaporação das camadas de água que a revestem **(Marai *et al.*, 1995; Hall *et al.*, 1997 e Brouk *et al.*, 2003).**

2.5.4.3. <u>Sombreamento:</u>

Não há dúvida de que a sombra é uma das formas mais económicas de modificar o ambiente de um animal durante o tempo quente. Embora a sombra reduza a acumulação de calor, não tem qualquer efeito sobre a temperatura ou a humidade relativa do ar, sendo necessário um arrefecimento adicional para os animais de criação num clima quente e húmido **(Kimothi e Ghosh, 2005)**.

Roman-Ponce *et al. (*1977) referiram que as vacas com sombra tinham taxas de respiração mais baixas (54 vs. 82 respirações/min), temperaturas rectais reduzidas (38,9 vs. 39,4°C) e uma melhor taxa de conceção (44,4 vs. 25,3%) em comparação com vacas sem sombra.

Estão disponíveis numerosos tipos de sombreamento, desde árvores a materiais metálicos e sintéticos. O sucesso limitado do sombreamento na prevenção da depressão da produtividade dos animais de criação deve-se ao facto de não reduzir a temperatura radiante esférica até à temperatura do ar (**Flamenbaum *et al.*, 1986**).

2.5.4.4. Beber água fresca:

O efeito benéfico de beber água fresca na redução da carga de calor deve-se ao calor dissipado por condução como resultado da diferença entre a temperatura da água fresca e da urina. Além disso, o aumento da água corporal devido ao aumento da ingestão de água em climas quentes ajuda a dissipar o calor, aumentando a perda de calor por evaporação através da transpiração e respiração e por condução (**Aboul-Naga, *et al.*, 1989; Daader, *et al.*, 1989 e Adel-Samee, *et al.*, 1998**).

Abdel-Samee, *et al.* (1992) relataram que a suplementação com água potável fresca (10 a 15° C) em condições de calor em cabras Baladi egípcias resultou na melhoria da produção de leite e dos parâmetros fisiológicos dos animais, especialmente a sua composição sanguínea.

2.5.4.5. Recorte:

O'Bannon *et al.* (1955) concluíram que o corte do pelo em bovinos Shorthorn reduzia a magnitude da hipertermia em resposta ao stress térmico. Aparentemente, a tosquia do pelo áspero permite uma dissipação eficaz do calor e a capacidade de manter a neutralidade térmica a temperaturas ambientes que provocariam stress térmico se o pelo áspero estivesse presente.

Turner (1962) mostrou que tosquiar bezerros com pelagem áspera aumentava o ganho de peso no verão e diminuía a taxa de respiração e as temperaturas retal e da pele, enquanto que tosquiar bovinos com pelagem lisa não tinha efeito no ganho de peso ou nas temperaturas retal e da pele. Resultados semelhantes foram encontrados em bovinos Hereford tosquiados, nos quais eles mantiveram uma temperatura retal mais baixa **(Hammond e Olson, 1994).**

2.5.5. Técnicas fisiológicas

2.5.5.2. Administração diaforética:

Estes compostos são utilizados para aumentar a produção de suor para aumentar o arrefecimento evaporativo dos animais sujeitos a stress térmico **(El-Fouly, 1969; Kamal *et al.,* 1972 e Marai *et al.,* 1995).** No entanto, estes tratamentos provocam aumentos significativos da temperatura rectal e da frequência respiratória **(Marai *et al.,* 2008).**

2.5.5.3. Administração de diuréticos:

Estes compostos são utilizados para aumentar a excreção de água para aumentar a perda de calor através da excreção de água na urina com a mesma temperatura do corpo e, em seguida, seguida pela ingestão de água que também é de temperatura mais baixa do que a do corpo **(Daader *et al.,* 1989).**

Abdel-Samee *et al.* (1992) verificaram que a utilização do diurético Thiameterine em condições de calor tinha um efeito positivo no estado fisiológico das cabras, especialmente na sua composição sanguínea. Atribuíram o aumento da produção de leite ao aumento da ingestão de alimentos provocado pelos tratamentos.

2.5.5.4. Administração de goitrogénio:

Estes compostos bloqueiam a absorção de iodo pela tiroide e, consequentemente, deprimem a atividade da glândula tiroide. Deprimem a secreção de T4 nos animais sujeitos a stress térmico para diminuir a produção de calor. No entanto, esta técnica não é favorável em condições de stress térmico, uma vez que os animais tratados nestas condições podem ser seriamente afectados devido à sua necessidade de mais energia para uma maior atividade muscular para a elevada atividade respiratória, consumo de O_2 e metabolismo energético **(El-Fouly, 1969 e Kamal *et al.,* 1972).**

2.5.6. <u>Gestão nutricional</u>:

Os danos oxidativos resultantes do stress térmico podem ser minimizados pelos mecanismos de defesa antioxidantes que protegem as células contra os oxidantes celulares e pelo sistema de reparação que impede a acumulação de moléculas danificadas por oxidação. Os antioxidantes, tanto enzimáticos como não enzimáticos, fornecem a defesa necessária contra o stress oxidativo resultante do stress térmico (**Sunil Kumar** *et al.*, **2011**).

2.5.6.2. <u>Suplemento de crómio</u>:

2.3.3.1. 1. <u>Efeito da suplementação com crómio nos níveis de cortisol</u>:

Vários estudos confirmam a associação entre o crómio (Cr) e o metabolismo durante o aumento do stress fisiológico, patológico e nutricional. A procura de Cr nos seres humanos e nos animais aumenta durante os períodos de maior stress - por exemplo, fadiga, traumatismos, gestação e diferentes formas de stress nutricional (dieta rica em hidratos de carbono), metabólico, físico e emocional, bem como efeitos ambientais (**Anderson, 1994**).

Sob a influência do stress, a secreção de cortisol aumenta, actuando como um antagonista da insulina através do aumento da concentração de glucose no sangue e da redução da utilização da glucose pelos tecidos periféricos. O aumento dos níveis de glucose no sangue estimula a mobilização da reserva de Cr, que é então irreversivelmente excretada na urina (**Borel** *et al.*, **1984** e **Mertz, 1992**). A excreção de Cr na urina é aumentada por todos os factores indutores de stress (**Mowat, 1994**).

Vários autores confirmam uma diminuição da sensibilidade ao stress em animais suplementados com Cr através de uma concentração reduzida de cortisol no sangue (**Chang e Mowat, 1992; Moonsie-Shageer e Mowat, 1993; Mowat** *et al.*, **1993** e **Pechova** *et al.*, **2002a**).

No entanto, as concentrações de cortisol sérico em vacas leiteiras após o parto mostraram um aumento inconsistente em animais suplementados com Cr (**Burton** *et al.*, 1995; Yang *et al.*, 1996 e Pechova *et al.*, 2002b), o que sugere que a associação entre Cr e cortisol pode ser menos direta do que se supunha inicialmente.

El-Masry *et al.* (2001) relataram que a suplementação com 0,6mgCr/kg de matéria seca (MS) para bezerros sob condições de stress térmico resultou em uma depressão significativa no nível de cortisol em comparação com bezerros não tratados com Cr.

Al-Saiady *et al.* (2004) verificaram que a adição de crómio quelatado à dieta de vacas leiteiras sob stress térmico melhorou a produção de leite e a ingestão de alimentos sem afetar os componentes do leite, mas não foi detectada qualquer diminuição da sensibilidade dos animais ao stress pelo frio **(Sano *et al.*, 1999 e 2000a e b).**

2.5.3.1.2. Efeito da suplementação com crómio em alguns metabolitos sanguíneos:

Chang e Mowat (1992) sugeriram que o nível de glicose em bezerros suplementados com Cr tendeu a ser mais baixo do que em bezerros não tratados.

El-Masry *et al.* (2001) descobriram que a glicose sérica e o colesterol diminuíram significativamente ($p<0.01$) em bezerros que receberam 0.6mg Cr/kg DM sob condições de stress térmico quando comparados com bezerros não tratados com Cr. Por outro lado, as concentrações de proteína total e globulina aumentaram significativamente com um aumento insignificante na albumina quando comparados com bezerros expostos somente ao stress térmico.

Wang *et al.* (2009) revelaram que a suplementação de 200 µg/kg Cr a partir de nano-composto de crómio (CrNano) diminuiu as concentrações séricas de glicose (32,10%, $p<0,05$), ureia (29,39%, $p<0,05$), colesterol (31,12%, $p<0,05$), e aumentou os teores séricos de TP (46,98%, $p<0,05$).

O picolinato de Cr suplementar (CrPic) também resultou na diminuição da glicose sérica (36,42%, $p<0,05$) e no aumento da TP sérica (27,01%, $p<0,05$), a ureia e o colesterol diminuíram, mas estatisticamente não foram significativos. Além disso, o Crcl3 teve a mesma ação.

Por outro lado, as actividades de AST e ALT diminuíram com todas as suplementações de Cr, mas estatisticamente não foram significativas.

Eren e Baspinar (2004) referiram que o tratamento de frangos de carne com Crcl3 (200 ppm) induziu um aumento significativo da atividade enzimática da AST ($p < 0,01$), enquanto as concentrações de proteínas séricas (proteínas totais, albumina e globulina) eram comparáveis nos grupos de controlo e tratados.

<u>**2.5.3.1. 3. Efeito da suplementação com crómio no desempenho reprodutivo:**</u>

O mecanismo do efeito da Cr nas funções reprodutivas não é conhecido. Uma das teorias **(Lindemann, 1996)** assume que a reprodução pode ser afetada pela alteração da sensibilidade à insulina. A maior parte da atenção tem sido dedicada ao estudo do efeito do Cr na reprodução dos suínos. A suplementação de Cr às porcas durante o ciclo reprodutivo teve um efeito positivo no tamanho da ninhada ao nascimento, bem como no peso ao desmame **(Lindemann *et al.*, 1995a e b)**. Em contraste com isso, **Campbell (1998)** não encontrou nenhum efeito no número de leitões por ninhada ou no número de leitões desmamados ao suplementar 200 µg/kg de Cr, mas a suplementação de Cr teve um efeito positivo na porcentagem de porcas grávidas (79% vs. 92%). O efeito de doses de Cr (0, 200, 600, 1 000 ppb como base de alimentação) foi estudado em um estudo cooperativo envolvendo 353 ninhadas de três estações **(Lindemann *et al.*, 2004)**. O picolinato de Cr suplementar aumentou o número de suínos nascidos vivos por ninhada (9,49, 9,82, 10,94 e 10,07), mas diminuiu o peso individual ao nascer do total de suínos nascidos (1,61, 1,57, 1,47 e 1,56 kg).

Garcia *et al.* (1997) estudaram o efeito da suplementação com picolinato de Cr na sensibilidade dos tecidos à insulina, na taxa de ovulação e na secreção de progesterona e ocitocina. Embora a suplementação com Cr tenha tido um efeito positivo na sensibilidade dos tecidos à insulina (redução da relação insulina: glucose), a taxa de ovulação e a concentração de progesterona permaneceram inalteradas. As questões de reprodução relacionadas com a suplementação de Cr em bovinos têm sido objeto de relativamente pouca atenção. Apesar disso, foi estabelecido um efeito positivo da suplementação com Cr sobre o índice de inseminação, o intervalo e o período de cobrição **(Bonomi *et al.*, 1997 e Pechova *et al.*, 2003)**, bem como uma incidência reduzida de endometrite e retenção da placenta **(Chang *et al.*, 1996 e Villalobos *et al.*, 1997)**.

Bryan *et al.* (2004) estudaram o efeito da suplementação de 6,25 mg/dia de Cr a partir de Cr metionina sobre a lactação e a reprodução de bovinos em regime de pastoreio intensivo. Foram observadas maiores percentagens de vacas suplementadas em anestro pelo pessoal do sector leiteiro (45,5 vs. 32,0%). No entanto, a suplementação com Cr tendeu a aumentar a percentagem de vacas prenhes nos primeiros 28 dias da época de acasalamento (50,0 vs. 39,2%).

2.5.3.2. <u>Suplemento de selénio e vitamina E (Se-E):</u>

Durante os períodos de maior stress térmico, são invocadas respostas fisiológicas e imunológicas para minimizar os efeitos adversos **(Fuquay, 1981; Silanikove, 2000 e Finocchiaro *et al.*, 2005)**. Além disso, o stress térmico está associado a alterações do estado antioxidante, promovendo o stress oxidativo e reduzindo as concentrações sanguíneas de micronutrientes antioxidantes (zinco, selénio e vitamina E) nos ruminantes **(Bernabucci *et al.*, 2002; Saker *et al.*, 2004 e Burke *et al.*, 2007)**. Esta redução é causada pelo aumento da mobilização e excreção de micronutrientes durante o período de calor **(Siegel, 1995).**

O selénio, uma parte essencial do sistema de defesa antioxidante, desempenha um papel importante no crescimento e na saúde dos seres humanos e dos animais através da sua participação em várias enzimas e reacções enzimáticas importantes **(Underwood, 1977 e Surai, 2006).**

O selénio (Se) tem uma função biológica relacionada com a vitamina E, na medida em que Se é um componente essencial da glutatião peroxidase, uma enzima envolvida na desintoxicação do peróxido de hidrogénio e dos hidroperóxidos lipídicos. A necessidade de vitamina E pode, por conseguinte, ser definida como a quantidade necessária para evitar a peroxidação na membrana subcelular específica que é mais suscetível à peroxidação. Além disso, o Se é um componente das selenoproteínas e está envolvido na função imunitária e neuropsicológica na nutrição dos animais **(Meschy, 2000)**. A deficiência de Se desempenha um papel em numerosas doenças economicamente importantes dos animais de criação, problemas que incluem a diminuição da fertilidade, o aborto, a retenção de placenta e a fraqueza neonatal **(McDowell *et al.*, 1996)**.

2.5.3.2.1. Efeito do selénio-E (Se-E) na temperatura rectal e na taxa de respiração:

Alhidary *et al.* *(2012)* verificaram que não houve diferenças entre o grupo de controlo e os grupos de tratamento com Se -0,5 e 1mg S.C. - na RT às 0800 e 1600 h. No entanto, às 1200 h sob carga de calor, a RT média das ovelhas injectadas com 1 mL de selenato de sódio (5 mg Se) foi aproximadamente 0,3°C inferior à das ovelhas de controlo (39,7°C vs. 40,0°C). A RT média das ovelhas injectadas com 5 mg de Se foi 0,3°C inferior à das ovelhas de controlo (39,5°C vs. 39,8°C). No entanto, não se verificaram diferenças entre os ovinos injectados com 0,5 mg de Se e os ovinos de controlo. Por outro lado, a RR não diferiu (P> 0,05) entre os tratamentos.

2.5.3.2.2. Efeito da suplementação com selénio-E no desempenho reprodutivo:

A deficiência de selénio tem sido relacionada com falhas reprodutivas em ruminantes **(Hartley e Grant, 1961; Andrews *et al.*, 1968 e Buchanan-Smith *et al.*, 1969)**, e a vitamina E é um fator complementar importante **(Buchanan-Smith *et al.*, 1969)**.

Barnes e Smith (1975) sugeriram que a vitamina E promovia a libertação da hormona folículo-estimulante (FSH), da hormona adrenocorticotrófica (ACTH) e da hormona luteinizante (LH). Também pode haver um papel para a vitamina E na proteção da via do ácido araquidónico para as prostaglandinas, que estão intimamente envolvidas na regulação do sistema reprodutor.

Segerson *et al.* *(*1977) avaliaram o efeito de injecções combinadas de selénio e vitamina E sobre a fertilização de óvulos em vacas de carne superovuladas mantidas com um plano de nutrição adequado ou inadequado. Os resultados revelaram que a fertilização óptima (100 por cento) dos óvulos ocorreu nos óvulos retirados de fêmeas que receberam selénio e vitamina E suplementares e foram mantidas com uma nutrição adequada. Outros grupos tiveram apenas 40% de fertilização.

Segerson e Ganapathy (1979) obtiveram um resultado semelhante em ovelhas com cio normal. As contracções musculares do útero foram mais fortes em ovelhas que receberam selénio. Eles teorizaram que as contracções uterinas mais fortes em ovelhas suplementadas com selénio aumentaram o número de espermatozóides que atingiram com sucesso os óvulos.

Harrison *et al.* *(*1984) sugeriram que a vitamina E e o selénio actuam a nível celular, regulando a produção de radicais livres nos ovários. **Staats *et al.* *(*1988)** demonstraram que a vitamina E protegia as enzimas esteroidogénicas da degeneração oxidativa e **Rapoport *et al.* *(*1998)** verificaram que a concentração de a-tocoferol no tecido ovárico estava relacionada com o consumo de vitamina E pelos animais durante o período de produção máxima de progesterona. Outros trabalhos sugeriram que a geração de radicais livres é uma causa potencial de desenvolvimento embrionário anormal (**Goto *et al.*, 1992)**

Os resultados de **Ramirez-Bribiesca *et al.* *(*2005)** com cabras mostraram que as injecções de Se-E não afectaram os índices reprodutivos - taxas de fertilidade e de prolificidade. A percentagem de fertilidade foi próxima da obtida em condições práticas óptimas. Em contraste com estes resultados, **Anke *et al.* *(*1987)** observaram uma diminuição da percentagem de fertilidade (93 vs. 64%) em cabras deficientes em selénio. Mesmo com uma oferta elevada de vitamina E, a deficiência de Se (menos de 38 microgramas/kg de MS da ração) levou a uma taxa de conceção 33% mais baixa ($P < 0,05$) nas cabras e a um número de cabritos superior a 50% mais baixo no 91º dia de vida.

Além disso, **Hamliri** *et al.* **(1991)** demonstraram que duas injecções consecutivas de Se (2,1 mg de Se/injeção) antes do acasalamento e do parto aumentavam significativamente a fertilidade e a prolificidade em ovelhas de 3 anos, em comparação com os controlos. No entanto, a injeção de Se mais vitamina E não aumentou a reprodução e o desempenho em ovelhas mais jovens **(Gabryszuk e Klewiec, 2002).**

Langlands *et al.* **(1991)** referiram que a incidência de cios, a fecundidade e a fertilidade não foram afectadas pela suplementação com Se, mas aumentaram a sobrevivência dos borregos.

Koyuncu e Yerlikaya (2007) registaram que as intra-injecções de Se (5 ml de selenito de sódio a 0,1%), mais vitamina E (250 mg) melhoram o desempenho reprodutivo através de um aumento significativo da incidência de cios, da fertilidade e da prolificidade em ovelhas Marino de 3 anos de idade.

Munoz *et al.* **(2009)** verificaram que as ovelhas suplementadas com selénio (50mg/ml s.c) - seis semanas antes do acasalamento - tinham uma taxa de conceção mais elevada e uma taxa de aborto mais baixa do que as ovelhas de controlo. Além disso, verificaram-se associações fracas mas positivas entre os níveis plasmáticos de selénio e de glutationa peroxidase (GSHPx) das ovelhas e o seu desempenho reprodutivo. Foi demonstrado que a atividade de algumas enzimas antioxidantes ocorre no corpo lúteo das ovelhas (CL), estas enzimas são susceptíveis a grandes alterações na atividade durante o início da gestação, o que sugere que o CL das ovelhas pode ser salvo da luteólise, através do aumento destas enzimas, inibindo assim os processos apoptóticos **(Al-Gubory** *et al.,* **2004 e Vazquez-Armijo** *et al.,* **2011).**

Haenlein e Anke (2011) registaram que, em estudos com cabras deficientes em Se durante 2 anos, o desempenho reprodutivo diminuiu significativamente.

2.5.3.2.3. Efeito da suplementação com Selénio-E em alguns parâmetros sanguíneos:

Krajnicakova *et al.* *(*2003**)** encontraram um aumento significativo (P<0,05) nas proteínas totais (PT) no dia 40 pós-parto em cabras. Já em cabras lactantes, **Zumbo** *et al.* *(*2007**)** relataram que o valor de PT não se alterou. Os valores de proteínas totais diminuíram no final da lactação (120 dias) em comparação com o início ou o meio da lactação.

A administração de selénio e alfa-tocoferol diminuiu a atividade da enzima AST em cordeiros **(Andres** *et al.,* **1997). Mohri** *et al.* *(*2010**)** referiram que o Se-E injetado numa dose de 0,2 ml/kg de peso corporal diminuiu as actividades da AST e mostrou um efeito significativo no TP, no ferro e no peso.

Karakilcik *et al.* *(*2005**)** registaram que níveis elevados de enzimas hepáticas (AST e ALT) são geralmente indicativos de danos hepáticos em animais humanos e experimentais **(Durak** *et al.,* **1996 e Netke** *et al.,* **1997).** Foram utilizados vários procedimentos para proteger o fígado de danos através da administração de antioxidantes, como a vitamina E **(Parola** *et al.,* **1992)** e a combinação Se-E **(Naziroglu, 1999 e Sies** *et al.,* **1992).**

A suplementação de Se (0,15 mg Se/kg de dieta) através de selenito de sódio não teve qualquer efeito sobre a TP, a albumina, a atividade AST e ALT no soro dos ovinos **(Kumar** *et al.,* **2009).**

3. MATERIAIS E MÉTODOS

Este estudo foi realizado na exploração experimental de cabras pertencente ao Centro de Investigação Nuclear, Autoridade Egípcia da Energia Atómica, Inshas, província de Sharkia, durante o período de setembro de 2013 a março de 2014 (estação amena) e o período de junho de 2014 a dezembro de 2014 (estação quente).

3.1. Animais de criação experimentais:

Este estudo foi efectuado em 72 cabras autóctones (36 animais por estação). As cabras foram selecionadas aleatoriamente de acordo com os registos reprodutivos da exploração e submetidas ao estudo. A sua idade variou entre os 2 e os 3 anos e o peso corporal médio foi de 25,1±1,5 kg.

3.2. Alojamento de animais:

Todos os animais experimentais foram mantidos em compartimentos semi-abertos durante todo o período da experiência. Estas celas proporcionavam sombra e ventilação suficientes no verão e proteção contra a chuva no inverno. As fêmeas foram autorizadas a pastar pelo menos cinco horas por dia.

3.3. Gestão e alimentação dos animais:

Todos os animais experimentais foram autorizados a pastar trevo egípcio (*Trifolium alexandrinum*) durante o período de dezembro a maio, sendo depois alimentados com feno de arroz, feno de trevo, resíduos de culturas e forragens verdes disponíveis nos meses de verão. Os animais foram alimentados de acordo com as suas necessidades recomendadas pelo **NRC (1985)**, como se pode ver no Quadro 1. As análises químicas aproximadas dos concentrados e das forragens grosseiras foram efectuadas de acordo com a **A.O.A.C (1980)**, como se mostra no Quadro 2. A água potável foi oferecida *ad lib* aos animais.

Tabela 1. Necessidades nutricionais dos animais experimentais.

Concentrados antes da época de reprodução.	Lavagem	Último mês de gravidez

Concentrados	Arroz Palha	Concentrados	Arroz Palha	Concentrados	Arroz Palha
0,50 kg	*ad lib*	0,75 kg	*ad lib*	0,75 kg	*ad lib*

Quadro 2. Análises químicas aproximadas dos concentrados e das forragens grosseiras.

	% com base na MS						
Artigos	**DM**	**PC**	**CF**	**EE**	**NTE**	**OM**	**Cinzas**
Concentrados	90.46	18.50	13.46	4.85	53.69	90.50	9.50
Palha de arroz	92.30	3.47	35.10	1.41	39.65	79.63	20.37

MS: Matéria seca.　　**PC:** Proteína bruta. **CF:** Fibra bruta.　　**EE:** Extrato de Éter.

NFE: Extrato isento de azoto. **OM:** Matéria orgânica.

3.4 Procedimentos experimentais e tratamentos:

As coelhas selecionadas foram sincronizadas com o cio e divididas em três grupos (12 coelhas por grupo), como se segue:

• **Grupo I**: Os animais deste grupo foram mantidos sem tratamento e foram considerados como grupo de controlo.

• **Grupo II**: Os animais incluídos neste grupo foram suplementados com crómio (cloreto de crómio trivalente), 0,8 mg/cabeça/dia em cápsulas **(Williams et al., 1994; NRC, 1997).**

• **Grupo III:** Os animais deste grupo foram injetados por via intramuscular com 2 ml de viteselen, contendo 0,5 mg de selénio e 10,7 UI de vitamina E/cabeça/dia. Cada ml de viteselen continha 150 mg de acetato de vitamina E e 1,76 mg de selenito de sódio, equivalente a 0,762 mg de selénio. As fêmeas foram injetadas semanalmente durante todo o período experimental.

3.5. Sincronização do cio e acasalamento:

Os animais receberam 10 ml de PGF2α (lutalyse) em dose dupla (5 mg/dose) em intervalos de 11 dias. Após 24 horas da segunda injeção, as fêmeas receberam 500 UI de hCG por via intramuscular para induzir a ovulação. Em seguida, três machos férteis (um macho para cada grupo) foram apresentados às fêmeas e deixados com elas durante dois ciclos estrais sucessivos para deteção do estro e acasalamento natural.

3.6. **Amostragem de sangue:**

As amostras de sangue foram colhidas diretamente da veia jugular em tubos de vidro evacuados. A punção da veia jugular foi efectuada com uma agulha de vacutainer (Becton and Dickinson N. J. 07070 U.S.A.). As amostras de sangue recolhidas foram mantidas à temperatura ambiente durante 30 a 60 minutos para coagulação e, em seguida, centrifugadas a 3000 rpm durante 15 minutos para separar o soro. Outra amostra de sangue paralela foi recolhida em tubos heparinizados para obter plasma para análise das fracções proteicas. Depois disso, o soro e o plasma foram armazenados a - 20° C até serem analisados.

As amostras foram recolhidas ao longo das diferentes fases (diestro, proestro, estro e metestro) do ciclo estral, pelo que as amostras de sangue foram retiradas mensalmente durante o período de gestação. Após o parto, a amostra foi recolhida de 15 em 15 dias até 45 dias após o parto.

As medições da temperatura rectal, da temperatura da pele e da frequência respiratória foram efectuadas nos animais no momento da colheita das amostras de sangue.

3.7. **Temperatura ambiente, humidade relativa e índice de temperatura e humidade:**

A temperatura ambiente e a humidade relativa foram obtidas diariamente da estação meteorológica da Atomic Energy Authority durante todo o período experimental. O índice de temperatura e humidade (THI) foi calculado durante as estações amenas e quentes de acordo com **Marai *et al.* (2000)** como

THI = db° C - [(0,31- 0,31RH) × (db° C-14,4)]

Onde, THI= índice de temperatura-humidade, db° C= temperatura de bolbo seco em Celsius e RH = humidade relativa ÷100.

Um valor de THI < 22,2 foi considerado notavelmente uma ausência de stress térmico, enquanto os valores de 22,2 a 23,3 se referiam a stress térmico moderado (leve), 23,3 a <25,6 se referiam a stress térmico grave e >25,6 se referiam a stress térmico muito grave. Os valores do THI **durante o período experimental são apresentados no quadro seguinte:**

Estações do ano	Temperatura ambiente		Valores de humidade relativa %		THI	
	Máximo	Mini	Máximo	Mini	Máximo	Mini
Suave	23.47	14.24	80.01	27.44	22.9	13.9
Quente	34.15	23.28	77.91	20.30	32.8	23.5

3.8. Temperatura rectal e da pele (RT e ST):

A temperatura rectal (TR,º C) foi medida com um termómetro clínico digital. A temperatura da pele (TS,º C) foi medida com um termómetro digital com sensor do tipo K, modelo 301, com um intervalo de medição de -50 C a 1300 C: 301 com intervalo de medição: -50^0 C a 1300^0 C.

3.9. Frequência respiratória (FR):

A frequência respiratória (FR) foi expressa como o número de respirações por minuto (respirações/min) e foi medida através da contagem dos movimentos do flanco num minuto. O movimento completo do flanco para dentro e para fora foi contado como uma respiração e registado.

3.10. Parâmetros sanguíneos:

3.10.1. Glicose sérica (Glu):

A glucose sérica (Glu, mg/dl) foi medida por método enzimático colorimétrico no comprimento de onda de 546 nm, de acordo com **Lott (1975)**, utilizando kits da Diamond Diagnostics Company.

3.10.2. Actividades das enzimas transaminase:

As actividades séricas da aspartato transaminase (AST, U/L) e da alanina transaminase (ALT, U/L) foram determinadas por método enzimático colorimétrico no comprimento de onda de 546 nm (530 - 550 nm), de acordo com **Reitman e Frankel (1957)**, utilizando kits fornecidos pela Diamond Diagnostics Company.

3.10.3. Proteínas totais (TP):

A concentração de proteínas totais (PT, g/dl) e de albumina (Alb, g/dl) foi determinada utilizando os kits de diagnóstico obtidos da Diamond Diagnostics, de acordo com **Cannon (1974)** e **Beng e Lim (1973)**, respetivamente. Esta determinação foi efectuada utilizando um espetrofotómetro com um comprimento de onda de 546 nm para a TP e 630 nm para a Alb.

A globulina sérica foi calculada pela subtração da albumina sérica das proteínas totais. O rácio albumina/globulina (A/G) foi obtido por cálculo.

3.10.4. Colesterol total (CT):

As concentrações de colesterol total (CT, mg/dl) no soro foram medidas por espetrofotómetro utilizando uma combinação de kits de teste fornecidos pela Diamond Diagnostics, de acordo com **Burtis *et al.* (2006)**.

3.10.5. Ureia:

A concentração de ureia no soro foi medida utilizando o método enzimático colorimétrico descrito por **Patton e**

Crouch (1977). Esta determinação foi efectuada utilizando um espetrofotómetro com um comprimento de onda de 578 nm. Os kits de teste foram fornecidos pela empresa anteriormente mencionada.

3.11. Ensaio hormonal:

As análises hormonais de estradiol17β (E_2), progesterona (P_4) e cortisol no soro foram analisadas através da técnica de radioimunoensaio (RIA). As análises dos metabolitos sanguíneos foram estimadas por métodos de técnica colorimétrica. Todas as hormonas séricas e metabolitos sanguíneos foram realizados nos laboratórios da Unidade de Investigação de Fisiologia Animal, Departamento de Aplicações Biológicas, Divisão de Aplicações de Radioisótopos, Centro de Investigação Nuclear, Autoridade Egípcia de Energia Atómica.

Foi efectuada a técnica de radioimunoensaio direto (RIA) para a determinação das hormonas séricas.

3.11.1. Estradiol-17β e progesterona (E2e P4):

As concentrações séricas de E2-17β (Pg/ml) e P4 (ng/ml) foram determinadas utilizando os kits Coat-A-count I^{125} RIA obtidos da Immunotch A Beckman Coulter Company, República Checa.

3.11.2. Cortisol:

A determinação do cortisol (ng/ml) foi efectuada de acordo com o procedimento especificado com os kits RIA produzidos por IZOTOP, Institute of isotopes Ltd., Budapeste, Hungria.

3.12. Caraterísticas reprodutivas:

As seguintes caraterísticas de desempenho reprodutivo foram registadas para cada coelha:

Taxa de fertilidade = N.º de cabras paridas / N.º de cabras unidas ao macho x100.

Prolificidade (tamanho da ninhada/doe) = N.º de cabritos nascidos / N.º de cabras paridas.

Fecundidade = N.º de cabritos nascidos / N.º de cabras unidas ao macho x100.

Taxa de parição = Número de cabras paridas / Número de cabras prenhes x100.

Taxa de conceção = N.º de cabras prenhes (abortadas ou paridas) / N.º de cabras unidas ao macho x100.

Os parâmetros acima referidos foram calculados de acordo com **Charring *et al.* (1992).**

3.13. Análise estatística:

Os dados foram expressos como média ±SE. Os dados foram analisados estatisticamente pelo procedimento GLM do programa SAS **(SAS, 1998)**. O teste de Duncan foi utilizado para detetar diferenças significativas entre as médias dos grupos experimentais **(Duncan, 1955).** O teste do qui-quadrado foi utilizado para avaliar a associação entre os grupos de tratamento e as variáveis dicotómicas de proporção (caraterísticas de parto e taxa de gestação). Resultados significativos seguidos de testes Z múltiplos para comparar as proporções correspondentes. Valor de p para todas as comparações entre pares ajustado com a correção de Bonferroni. O efeito da estação do ano e do tratamento nas hormonas reprodutivas, cortisol, caraterísticas fisiológicas e metabolitos sanguíneos foi testado utilizando o seguinte modelo:

$$Y_{ijk} = \mu + S_i + T_j + (ST)_{ij} + e_{ijk}$$

Onde:

$Y_{j_{ik}}$ = as variáveis dependentes estimadas.

μ = Média global,

S_i = o efeito da i^{th} estação (1=fraca e 2=quente),

T_j = o efeito do tratamento j^{th} (1=controlo, 2=crómio e 3=selénio-E),

$ST_i j$ = o efeito da interação entre a estação e o tratamento, e j_{ik} = erro aleatório.

4. RESULTADOS E DISCUSSÃO

4.1. Respostas termorreguladoras de fêmeas caprinas afectadas por Suplementação com Cr e Se-E:

4.1.1. Temperatura rectal (TR):

Os dados do quadro 3 mostram as médias da temperatura rectal (±SE) das cabras afectadas pela estação do ano, pelos tratamentos e pela sua interação durante as diferentes fases do ciclo estral.

É evidente que a temperatura rectal (TR) foi significativamente (P<0,05 ou 0,0001) afetada pela estação do ano e pelos tratamentos utilizados neste estudo durante as diferentes fases do ciclo estral (proestro, estro e metestro), exceto na fase de diestro, que não foi significativamente afetada pela estação do ano e pela sua interação com o tratamento. Na estação quente, as coelhas tiveram um IR mais elevado do que na estação amena, como se pode ver no Quadro 3 e no Apêndice 1.

De um modo geral, o tratamento das cabras com crómio (Cr) ou selénio-vitamina E (Se-E) reduziu significativamente (P<0,05 ou 0,0001) os valores da temperatura rectal em comparação com o grupo de controlo durante o ciclo estral. A menor TR, de 38,82±0,06 e 38,99±0,07^0 C, foi registada pelas fêmeas Se-E nas fases de diestro e de estro, com uma diferença de cerca de -0,37 e -0,32^0 C inferior à do grupo de controlo, respetivamente. Por outro lado, a menor TR registada devido ao tratamento com Cr foi de 39,03 ± 0,09^0 C e 39,04 ± 0,04^0 C nas fases de diestro e metestro, mas apenas

Quadro 3: Médias (±SE) da temperatura rectal (^{0} C) das coelhas durante o ciclo estral, em função da estação do ano, do tratamento e da sua interação.

Item	Temperatura rectal (^{0} C)			
	Diestro	Proestro	Estrus	Metestro
Estação (S)				
Suave	39.03 ±0.03	39.42 ±0.06	39.08 ±0.06	39.17 ±0.06
Quente	38.99 ±0.08	39.87 ±0.09	39.24 ±0.07	39.49±0.05
Valor *P*	0.697	0.0001	0.044	0.0001
Tratamentos (T)				
Controlo	39,19^A ±0,08	39,56^B ±0,09	39,31^A ±0,10	39,64^A ±0,07

Cr	$39,03^A \pm 0,09$	$39,60^B \pm 0,05$	$39,19^A \pm 0,04$	$39,04^C \pm 0,04$
Se-E	$38,82^B \pm 0,06$	$39,79^A \pm 0,15$	$38,99^B \pm 0,07$	$39,31^B \pm 0,08$
Valor *P*	0.003	0.044	0.004	0.0001
Interação (S*T) Item				
Suave				
Controlo	39.13 ± 0.07	$39,68^b \pm 0,07$	$39,08^{cd} \pm 0,09$	$39,48^b \pm 0,10$
Cr	39.03 ± 0.13	$39,53^b \pm 0,08$	$39,00^{cd} \pm 0,04$	$39,03^c \pm 0,08$
Se-E	38.93 ± 0.05	$39,08^c \pm 0,06$	$39,17^{bc} \pm 0,13$	$39,00^c \pm 0,07$
Quente				
Controlo	39.25 ± 0.14	$39,45^b \pm 0,16$	$39,55^a \pm 0,15$	$39,80^a \pm 0,04$
Cr	39.03 ± 0.12	$39,68^b \pm 0,06$	$39,38^{ab} \pm 0,03$	$39,05^c \pm 0,05$
Se-E	38.70 ± 0.09	$40,50^a \pm 009$	$38,80^d \pm 0,02$	$39,63^{ab} \pm 0,03$
Valor *P*	0.224	0.0001	0.0001	0.0001

As médias com letras diferentes (A, B e C ou a, b, c, ...) na mesma coluna são significativamente diferentes a (P<0,05).

Cr= Crómio, Se-E= Selénio +Vitamina-E.

A temperatura na fase de metestro foi significativamente (P<0,05) inferior em cerca de $-0,60^0$ C à do controlo (Quadro 3 & Apêndice 1).

Como afetado pelo efeito de interação de forma significativa (P<0,001), em condições moderadas, a injeção de Se-E diminuiu a RT no proestro e no metestro, com valores de $39,08\pm0,06$ e $39,00\pm0,07^0$ C, seguido do tratamento com Cr, que registou apenas uma diminuição significativa ($39,03\pm0,08^0$ C) na fase do metestro, em comparação com o grupo de controlo.

Por outro lado, em condições de calor, os animais que receberam Cr apresentaram uma baixa IR ($39,05\pm0,05^0$ C) no cio, mais do que o controlo ($39,80\pm0,04^0$ C). Apenas a diminuição da TR devida ao Se-E foi de $38,8 \pm 0,02^0$ C na fase de cio contra $39,55\pm0,15^0$ C no controlo. A baixa acentuada da RT ($38,7^0$ C) deveu-se ao tratamento com Se-E na fase de diestro na estação quente.

As coelhas prenhes registaram uma IR significativamente baixa em condições amenas durante o meio e o fim da gestação, com valores de $38,37\pm0,07$ e $37,04\pm0,81^0$ C, respetivamente. No entanto, no início da gestação, a TR foi mais baixa na estação quente ($38,68 \pm0,05^0$ C) do que na suave, o que pode dever-se ao efeito dos tratamentos (Quadro 4 e Anexo 1).

Inspeccionando o efeito dos tratamentos na RT, é notório que o tratamento com Cr diminuiu a RT no início, a meio e no final da gravidez, em comparação com o controlo. As fêmeas injectadas com Se-E apresentaram a mesma tendência de RT, exceto no final da gestação, em que esta diminuiu

Quadro 4: Médias (±SE) da temperatura rectal (º C) das coelhas durante o período de gestação em função da estação do ano, do tratamento e da sua interação.

Artigo	Temperatura rectal (º C)		
	Cedo	Médio	Tarde
Estação (S)			
Suave	39.09 ±0.05	38.37 ±0.07	37.04 ±0.81
Quente	38.68 ±0.05	38.93 ±0.06	39.39 ± 0.02
Valor *P*	0.0001	0.0001	0.0001
Tratamentos (T)			
Controlo	39,14[A] ±0,08	38,93[A] ±0,08	38,28[A] ±0,21
Cr	38,81[B] ±0,07	38,48[B] ±0,09	38,03[B] ±0,30
Se-E	38,71[B] ±0,03	38,53[B] ±0,08	38,34[A] ±0,23
Valor *P*	0.0001	0.0001	0.001
Interação (S*T) Item			
Suave			
Controlo	39,39[a] ±0,05	38.68 ±0.10	37,25[b] ±0,01
Cr	39,13[b] ±0,07	38.08 ±0.08	36,63[c] ±0,18
Se-E	38,76[cd] ±0,04	38.35 ±0.09	37,23[b] ±0,09
Quente			
Controlo	38,90[c] ±0,10	39.20 ±0.1	39,30[a] ±0,02
Cr	38,50[e] ±0,05	38.88 ±0.03	39,43[a] ±0,02
Se-E	38,65[de] ±0,03	38.70 ±0.13	39,45[a] ±0,05
Valor *P*	0.0001	0.065	0.0001

As médias com letras diferentes (A, B e C ou a, b, c, ...) na mesma coluna são significativamente diferentes a (P<0,05).

Cr= crómio, Se-E= Selénio +Vitamina-E. Não se verificou diferença significativa em relação ao grupo de controlo. O grupo Cr no final da gravidez registou o valor mais baixo (38,03 ±0,3º C) de IR, mas o valor mais elevado foi de cerca de 39,14 ±0,08º C para o grupo de controlo no início da gravidez (Quadro 4).

A temperatura rectal diminuiu devido à interação significativa entre a estação do ano e o tratamento. De um modo geral, em condições amenas e quentes, os grupos tratados apresentaram valores de TR quase inferiores aos do grupo de controlo durante o início da gestação (EP), o meio da gestação (MP) e o final da gestação (LP). A RT mais baixa foi de cerca de 36,63±0,18º C registada pelas fêmeas Cr, seguida de 37,23±0,09º C pelas fêmeas Se-E durante o final da gravidez em condições amenas. No entanto, na estação quente, a menor TR foi de cerca de 38,5±0,05º C para as fêmeas Cr e de 38,65±0,03º C para as fêmeas Se-E na EP.

Como se pode ver na Tabela 5 e no Apêndice 1, a temperatura rectal diferiu significativamente devido ao efeito da estação do ano durante os dias do pós-parto (PP), a TR foi mais elevada na estação quente nos dias 15th e 45th do PP, mas no dia 30 a TR foi significativamente (P<0,0001) mais baixa na estação quente do que na estação amena, com um valor de cerca de 39,01 ±0,04⁰ *C vs.* 39,38 ±0,07⁰ C, respetivamente.

Independentemente do efeito da estação, a aplicação de tratamentos com Cr ou Se-E revelou uma diminuição da RT durante 30th e 45th dias pós-parto, as fêmeas tratadas com Cr apresentaram a menor RT durante estes dias com valores médios de cerca de 39,05±0,06 e 38,86 ±0,12⁰ C, respetivamente.

Quadro 5: Médias (±SE) da temperatura rectal (⁰ C) das coelhas durante o período pós-parto em função da estação do ano, do tratamento e da sua interação.

Item	Temperatura rectal (⁰ C)		
	PP de 15 dias	PP de 30 dias	PP de 45 dias
Estação (S)			
Suave	38.62 ±0.09	39.38±0.07	38.08±0.07
Quente	39.29 ±0.04	39.01±0.04	39.39±0.03
Valor *P*	0.0001	0.0001	0.0001
Tratamentos (T)			
Controlo	38.89 ±0.10	39,40^A ±0,06	39,29^A ±0,07
Cr	38.90 ±0.10	39,05^B ±0,06	38,86^B ±0,12
Se-E	39.08 ±0.12	39,15^B ±0,09	39,20^A ±0,04
Valor *P*	0.249	0.0001	0.0001
Interação (S*T) Item			
Suave			
Controlo	38.38 ±0.14	39,60^a ±0,08	38,97^d ±0,07
Cr	38.50 ±0.18	39,00^b ±0,13	38,35^e ±0,12
Se-E	38.83 ±0.15	39,56^a ±0,06	39,10^{cd} ±0,08
Quente			
Controlo	39.25 ±0.03	39,20^b ±0,03	39,60^a ±0,03
Cr	39.30 ±0.06	39,10^b ±0,02	39,37^b ±0,13
Se-E	39.33 ±0.10	38,72^c ±0,05	39,20^{bc} ±0,02
Valor *P*	0.45	0.0001	0.0001

As médias com letras diferentes (A, B e C ou a, b, c, ...) na mesma coluna são significativamente diferentes a (P<0,05).

Cr= crómio, Se-E= Selénio +Vitamina-E.

A única diminuição significativa da RT devido ao Se-E foi de 39,15±0,09⁰ C no dia 30 PP, em comparação com 39,4 ±0,06⁰ C para o grupo de controlo (Quadro

5).

Conforme afetado pela interação, em condições amenas, o tratamento com Cr diminuiu a RT em 30th e 45th dias PP em comparação com outros grupos com valores de 39,0±0,13^0 C e 38,35±0,12^0 C, respetivamente. No entanto, durante a estação quente, a diminuição acentuada da RT deveu-se à injeção de Se-E aos 30th e 45th dias PP, com valores médios de 38,72±0,05° C e 39,2±0,02^0 C, respetivamente, para além da baixa RT de 39,37±0,13° C no dia-45 PP devido ao tratamento com Cr, em comparação com 39,6±0,03° C para o controlo (Quadro 5 e Apêndice 1).

Os caprinos esforçam-se por manter a sua temperatura corporal dentro de um intervalo estreito, mesmo em condições climáticas adversas. A temperatura rectal varia entre 38,3 e 39,9 °C em condições de termoneutralidade. A temperatura rectal é o indicador mais comum da temperatura corporal e é considerada um reflexo da temperatura corporal central **(Al-Tamimi, 2007)** e um parâmetro fisiológico que monitoriza o bem-estar dos animais em ambientes quentes **(Silanikove, 2000)**. Os presentes resultados do grupo não tratado revelaram que a TR média aumentou significativamente durante a estação quente em relação à estação amena ao longo do ciclo estral, da gravidez e do período pós-parto. Estes aumentos da temperatura rectal em condições quentes de verão indicam que os animais estão sujeitos a stress térmico **(Al-Haidary *et al.*, 2012; Minka e Ayo, 2012 e Al-Samawi *et al.*, 2014).**

A diminuição da temperatura retal devido à suplementação com Cr no presente estudo concordou com os resultados de **Kobeisy *et al.* (2004),** que descobriram que a suplementação com crómio tendia a diminuir a temperatura retal em ovinos. Além disso, **Moonsie-Shgeer e Mowat (1993)** verificaram que a suplementação de Cr (a partir de levedura com alto teor de Cr) tendia a reduzir a temperatura rectal em vitelos alimentados com stress. Na mesma tendência, **Liu *et al.* (2015),** em suínos em crescimento submetidos a stress térmico, afirmaram que, em comparação com a dieta de controlo, os suínos Cr tinham uma menor TR (40,2 *vs.* 39,9, P<0,05) em condições de stress térmico (HS), indicando uma melhoria no nível de HS experimentado em suínos Cr.

Esses resultados discordam dos achados de **Yari *et al.* (2010)**, que concluíram que a suplementação de Cr em bezerros antes e depois do desmame na estação do verão não teve efeito na temperatura retal entre todos os grupos experimentais. **An-Qiang *et al.* (2009)** estudaram o efeito da adição de picolinato de Cr a vacas Holstein em lactação sujeitas a stress térmico (15-24 dias pós-parto) e não registaram qualquer efeito significativo nas temperaturas rectais e nas taxas de respiração devido ao tratamento com Cr. Paralelamente, **Nikkhah *et al.* (2011)** obtiveram os mesmos resultados em vacas em lactação precoce em condições de verão. Em borregos em crescimento, a suplementação com picolinato de crómio em doses de 50, 75 e 100 mg por kg de dieta, nas condições do verão egípcio, não mostrou qualquer efeito na temperatura rectal **(Abd El-Monem e Abd El-Hamid, 2008).**

No que diz respeito à diminuição da temperatura rectal observada em cabras injectadas com Se-E, **Alhidary *et al.* (2012)** verificaram que, às 1200 h sob carga de calor, a RT média das ovelhas injectadas com 1 ml de selenato de sódio (5 mg Se) era aproximadamente 0,3°C inferior à das ovelhas de controlo (39,7°C *vs.* 40,0°C).

Além disso, **Chauhan *et al.* (2015)** relataram que as ovelhas que receberam uma dieta rica em Se e vitamina E tiveram uma temperatura rectal mais baixa sob o pico de HS em comparação com as que receberam uma dieta com baixo teor de Se e vitamina E ou controlo. Além disso, **El-Shahat e Abdel Monem (2011)** descobriram que a suplementação de ovelhas Baladi com Se-E (0,3 mg de Se + 25 mg de vitamina E) diminuiu insignificantemente a temperatura rectal cerca de 0,4 °C menos do que o grupo de controlo em condições subtropicais.

Este efeito melhorador de Se-E na RT durante o stress térmico não foi relatado anteriormente. Existem dois mecanismos potenciais pelos quais este efeito do Se poderia ter sido mediado. Em primeiro lugar, o Se pode ter invertido ou inibido a redução da atividade antioxidante causada pelo stress térmico **(Bernabucci *et al.*, 2002; Surai, 2006).** Em segundo lugar, o Se pode ter diminuído a libertação de ACTH, que aumenta com o stress térmico **(Hirayama *et al.*, 2004).** A injeção de ACTH em ovelhas aumentou a RT em 0,6°C (39,1°C *vs.* 39,7°C) **(Sconberg *et al.*, 1993). Gursu *et al.* (2003**) mostraram que a suplementação alimentar de codornizes japonesas sujeitas a altas temperaturas (34°C) com 0,1 ou 0,2 mg Se/kg DM diminuiu as suas concentrações de ACTH.

4.1.2. <u>Temperatura da pele (TS):</u>

A análise dos dados da Tabela 6 revelou que a temperatura da pele (TS) foi significativamente (P<0,001 ou 0,0001) afetada pela estação do ano, pelo tratamento e pela interação entre eles durante as diferentes fases do ciclo estral.

Como se pode ver no quadro 6, as coelhas apresentaram uma ST mais baixa em condições de temperatura amena do que em condições de temperatura quente. A ST mais baixa, de 37,46 $\pm 0,07^0$ C, foi registada na fase de cio da estação temperada, enquanto a mais elevada foi (38,81$\pm$0,09^0 C) na fase de cio da estação quente.

Verificou-se que as fêmeas tratadas com Se-E tinham um ST mais baixo (37,69, 38,15 e 37,33^0 C) nas fases de diestro, proestro e estro, respetivamente, do que as tratadas com Cr ou com o grupo de controlo. Por outro lado, o grupo Cr apresentou apenas um ST pouco significativo de 38,0$\pm$0,17^0 C no metestro, exceto que não apresentou qualquer significado em comparação com o grupo de controlo (Tabela 6 e Anexo 2).

Conforme afetado pela interação, as fêmeas injetadas com Se-E apresentaram uma ST cerca de 0,72 e 0,75^0 C inferior à do grupo de controlo durante a fase de proestro e de metestro em condições amenas. No entanto, o tratamento com Cr registou um ST cerca de 1,18^0 C inferior ao do grupo de controlo no metestro, que foi o ST mais baixo devido ao Cr em condições de estação amena.

Além disso, o tratamento das cabras com Cr em condições de calor mostrou uma diminuição insignificante da ST durante as fases de diestro, estro e metestro, em comparação com o controlo.

Quadro 6: Médias (±SE) da temperatura da pele ($^\circ$ C) das coelhas durante o ciclo estral, em função da estação do ano, do tratamento e da sua interação.

Item	Temperatura da pele ($^\circ$ C)			
	Diestro	Proestro	Estrus	Metestro
Estação (S)				
Suave	37.82 ±0.07	37.76 ±0.06	37.46 ±0.07	37.98 ±0.12
Quente	38.20 ±0.12	38.75 ±0.11	38.22 ±0.12	38.81 ±0.09
Valor *P*	0.002	0.0001	0.0001	0.0001
Tratamentos (T)				
Controlo	38,21[A] ±0,14	38.28 ±0.13	38,07[A] ±0,17	38,68[A] ±0,11
Cr	38,13[A] ±0,13	38.34 ±0.11	38,12[A] ±0,07	38,00[B] ±0,17
Se-E	37,69[B] ±0,06	38.15 ±0.21	37,33[B] ±0,10	38,51[A] ±0,15
Valor *P*	0.001	0.433	0.0001	0.0001
Interação (S*T) Item				
Suave				
Controlo	37,70[cd] ±0,02	38,00[c] ±0,04	37,43[c] ±0,08	38,63[b] ±0,02
Cr	38,15[b] ±0,16	38,00[c] ±0,11	37,78[b] ±0,05	37,45[d] ±0,25
Se-E	37,60[d] ±0,06	37,28[d] ±0,07	37,18[c] ±0,11	37,88[c] ±0,09
Quente				
Controlo	38,73[a] ±0,18	38,55[b] ±0,23	38,72[a] ±0,17	38,73[ab] ±0,22
Cr	38,10[bc] ±0,22	38,68[ab] ±0,15	38,46[a] ±0,03	38,55[b] ±0,05
Se-E	37,78[bcd] ±0,11	39,03[a] ±0,19	37,48[bc] ±0,13	39,15[a] ±0,10
Valor *P*	0.001	0.0001	0.0001	0.0001

As médias com letras diferentes (A, B e C ou a, b, c,...) na mesma coluna são significativamente diferentes a (P<0,05).

Cr= crómio, Se-E= Selénio +Vitamina-E.

No entanto, a injeção de Se-E baixou a ST nas fases de diestro e metestro com valores de 37,78 e 37,48^0 *C vs.* 38,73 e 38,72^0 C para o controlo, respetivamente, e mostrou um efeito inverso durante as outras fases (Quadro 6 & Anexo 2).

Durante o período de gestação, a temperatura da pele foi significativamente (P<0,05 ou 0,0001) afetada pela estação do ano, pelo tratamento e pela sua interação (Quadro 7). De um modo geral, em condições de calor, as fêmeas apresentaram uma TS mais elevada do que a temperatura ligeira durante os diferentes períodos de gestação. A temperatura da pele mais baixa e a mais alta, de 37,11±0,09 e 38,85±0,1^0 C, foram registadas a meio da gestação nas estações quente e moderada, respetivamente.

Considerando o efeito do tratamento, os animais tratados com Cr ou Se-E apresentaram uma ST significativamente (P<0,05 ou 0,0001) inferior à do grupo de controlo, como se mostra no Quadro 7. O crómio teve a vantagem de diminuir a ST durante o meio (37,67 ± 0,19 ^{0}C) e no final da gestação (37,55 ± 0,21^0 C) mais do que o tratamento com Se-E.

Como afetado pela interação entre a estação do ano e o tratamento, o crómio teve uma ST marcadamente baixa, com valores de 36,76 ± 0,05^0 C e 36,63 ± 0,18^0 C durante o meio e o fim da gravidez, respetivamente, em comparação com os grupos Se-E e de controlo em condições amenas. Em condições de estação quente, a resposta da ST das cabras aos tratamentos aplicados foi mais elevada no grupo Se-E do que no grupo Cr no início, a meio e no final da gravidez, sendo a ST mais baixa 37,75 ± 0,09^0 C no início da gravidez.

Quadro 7: Médias (±SE) da temperatura da pele (º C) das coelhas durante o período de gestação, em função da estação do ano, do tratamento e da sua interação.

Artigo	Temperatura da pele (º C)		
	Cedo	Médio	Tarde
Estação (S)			
Suave	37.53 ±0.04	37.11 ±0.09	37.04 ±0.81
Quente	38.16 ±0.08	38.85 ±0.10	38.29 ± 0.06
Valor *P*	0.0001	0.0001	0.0001
Tratamentos (T)			
Controlo	38.10A ±0.14	38,59^A ±0,22	37,81^A ±0,12
Cr	37.84B ±0.04	37,67^B ±0,19	37,55^B ±0,21
Se-E	37.59C ±0.06	37,69^B ±0,17	37,63^{AB} ±0,11
Valor *P*	0.0001	0.0001	0.033
Interação (S*T) Item			
Suave			
Controlo	37,45^d ±0,05	37,57^c ±0,13	37,25^c ±0,01
Cr	37,70^c ±0,5	36,76^d ±0,05	36,63^d ±0,18
Se-E	37,43^d ±0,06	37,00^d ±0,16	37,23^c ±0,09
Quente			
Controlo	38,75^a ±0,06	39,60^a ±0,11	38,37^a ±0,09
Cr	37,98^b ±0,03	38,57^b ±0,11	38,46^a ±0,03
Se-E	37,75^c ±0,09	38,37^b ±0,07	38,03^b ±0,10
Valor *P*	0.0001	0.016	0.0001

As médias com letras diferentes (A, B e C ou a, b, c,...) na mesma coluna são significativamente diferentes a (P<0,05).

Cr= crómio, Se-E= Selénio +Vitamina-E.

O quadro 8 e o apêndice 2 mostram a temperatura da pele (média ± ESE) das cabras durante o período pós-parto, em função da estação do ano, do tratamento e das suas interações.

Verificou-se claramente que não houve diferenças significativas no TS devido ao efeito da estação do ano nos 15th e 30th dias pós-parto. No entanto, no 45th dia pós-parto, a TS aumentou significativamente (P<0,0001) (38,32 ±0,05^0 C) durante a estação quente em comparação com a estação amena (38,0 ±0,07^0 C).

A análise de variância para os dados obtidos revelou um efeito altamente significativo (P<0,05 ou P<0,0001) devido aos tratamentos na ST. O tratamento das cabras com Cr diminuiu a ST nos 15th e 45th dias pós-parto com valores médios de 37,53 ±0,10^0 C e 37,87 ±0,08^0 C, respetivamente. Enquanto que o tratamento com Se-E reduziu acentuadamente a ST (37,89 ±0,1^0 C) no 30th dia PP, em comparação com o grupo Cr e o grupo de controlo (Quadro 8 & Apêndice 2).

Como afetado pela interação entre estação e tratamento, parece que o efeito de diminuição significativa do tratamento Cr no ST foi durante a condição quente (37,5 ±0,13^0 C) no 15th dia PP. Além disso, tem o mesmo efeito durante as estações amenas e quentes em 45th dias PP em comparação com o controlo com valores de 37,6 ±0,1^0 *C vs.* 38,18 ±0,42^0 C e 38,15 ±0,08^0 *C vs.* 38,6 ±0,45^0 C, respetivamente. Por outro lado, o Se-E apresentou uma ST mais baixa (37,46 ±0,06^0 C) do que os grupos Cr e de controlo no dia 30th PP durante a estação quente (Quadro 8).

Quadro 8: Médias (±SE) da temperatura da pele (^{0} C) das coelhas durante o período pós-parto em função da estação do ano, do tratamento e da sua interação.

Artigo	Pele	temperatura (^{0} C)	
	PP de 15 dias	PP de 30 dias	PP de 45 dias
Estação (S)			
Suave	37.64 ± 0.11	38.25 ± 0.07	38.0 ±0.07
Quente	37.86 ± 0.10	38.22 ± 0.09	38.32 ±0.05
Valor *P*	0.127	0.709	0.0001
Tratamentos (T)			
Controlo	37,74[AB] ±0,13	38,40[A] ±0,12	38,38[A] ±0,01
Cr	37,53[B] ±0,12	38,41[A] ±0,06	37,87[B] ±0,08
Se-E	37,99[A] ±0,13	37,89[B] ±0,10	38,21[A] ±0,07
Valor *P*	0.032	0.0001	0.0001
Interação (S*T) Item			
Suave			
Controlo	37.40 ±0.16	38,10[c] ±0,17	38,18[b] ±0,42

Cr	37.55 ±0.20	$38,33^{bc}$ ±0,09	$37,60^{c}$ ±0,10
Se-E	37.98 ±0.18	$38,33^{bc}$ ±0,08	$38,23^{b}$ ±0,10
Quente			
Controlo	38.08 ±0.14	$38,70^{a}$ ±0,03	$38,60^{a}$ ±0,45
Cr	37.50 ±0.13	$38,50^{ab}$ ±0,09	$38,15^{b}$ ±0,08
Se-E	38.00 ±0.18	$37,46^{d}$ ±0,06	$38,2^{b}$ ±0,10
Valor P	0.075	0.0001	0.003

As médias com letras diferentes (A, B e C ou a, b, c,...) na mesma coluna são significativamente diferentes a (P<0,05).

Cr= crómio, Se-E= Selénio +Vitamina-E.

Os resultados da temperatura da pele para o grupo não tratado concordam com **Fahmy (1994), Marai *et al.* (1997) e khalifa *et al.* (2000)** com cabras. Os autores referiram um aumento da TS como resultado da exposição a condições de stress térmico.

A temperatura da pele é um parâmetro fisiológico que pode ser utilizado para avaliar o stress térmico, uma vez que a troca de calor entre o corpo e o ambiente é efectuada através da pele. O ajuste do fluxo sanguíneo cutâneo para regular a transferência de calor do núcleo do corpo para a pele resulta numa alteração da temperatura da pele em resposta a temperaturas elevadas **(Habeeb *et al.*, 1992)**.

A atual diminuição significativa da TS devido à suplementação com Se-E no ciclo estral - diestro e fase do estro, gravidez e período pós-parto em condições de estação quente está de acordo com **Zeidan *et al.* (2001) e Al-Zafry e Medan (2012)** com coelhos brancos da Nova Zelândia. Os autores verificaram que a suplementação com Se-E reduziu significativamente a temperatura da pele em comparação com o grupo de controlo de coelhos sujeitos a stress térmico, indicando que a injeção de vitamina E e de complexo de selénio melhora o efeito do stress térmico. A vitamina E altera diretamente o set point térmico diminuindo a produção de prostaglandinas, especialmente da série de prostaglandinas E, cuja rotação aumenta durante o stress **(Hadden, 1987)**, o que tem um efeito direto na zona termorreguladora hipotalâmica **(Ganong, 2001)**. Por conseguinte, esta vitamina pode ter um efeito melhorador em animais sujeitos a stress térmico ao afetar a produção de prostaglandinas **(Al-Zafry e Medan, 2012)**.

Por outro lado, **Chauhan *et al.* (2014)**, com ovinos expostos a condições de stress térmico, relataram um aumento da ST com o aumento da temperatura ambiente e descobriram um efeito não significativo devido à suplementação dietética com Se-E na ST em comparação com o grupo de controlo, o que discordou dos resultados do presente estudo no que diz respeito à Se-E.

Por outro lado, **Abdulaziz (2006)** estudou o efeito do stress térmico e da suplementação com crómio nas respostas termo-respiratórias de ovelhas Saidi não grávidas expostas à radiação solar direta durante duas horas e verificou que a suplementação com crómio não teve efeito significativo na temperatura da pele. Os presentes resultados estão de acordo com os de **Abdulaziz (2006)** no que respeita aos resultados do Cr no cio e no pós-parto em condições de estação quente, mas discordam dos resultados do período de gestação, que revelaram uma diminuição significativa da TS devido à suplementação com crómio.

4.1.3. Frequência respiratória (FR):

As médias ($\pm$SE) da taxa de respiração (TR) das coelhas durante o ciclo estral afectadas pela estação do ano, pelo tratamento e pela sua interação são apresentadas no quadro 9.

De um modo geral, a taxa de respiração das coelhas na estação quente foi inferior à da estação calma durante o diestro, o proestro e o estro, com significância ($P<0,05$) na fase do diestro, mas no metestro, a estação quente

Quadro 9 : Médias ($\pm$SE) da taxa de respiração (respirações/min) das coelhas durante o ciclo estral, em função da estação do ano, do tratamento e da sua interação.

Artigo	Frequência respiratória (respirações/min)			
	Diestro	Proestro	Estrus	Metestro
Estação (S)				
Suave	26 ±0.42	27 ±0.77	25 ±0.8	24 ±0.5
Quente	25 ±0.22	26 ±0.40	24 ±0.4	26 ±0.3
Valor *P*	0.042	0.113	0.193	0.0001
Tratamentos (T)				
Controlo	26A ±0.52	27^A ±0,67	25 ±0.3	27^A ±0,21
Cr	26A ±0.38	28^A ±0,77	25 ±1.1	24^C ±0,27
Se-E	25B ±0.28	24^B ±0,55	24 ±0.8	25^B ±0,55
Valor *P*	0.01	0.0001	0.417	0.0001
Interação (S*T) Item				

Suave				
Controlo	26^{ab} ±0,96	29^{a} ±0,77	25^{a} ±0,6	27^{a} ±0,36
Cr	27^{a} ±0,58	29^{a} ±1,50	24^{a} ±2,1	23^{b} ±0,39
Se-E	25^{bc} ±0,48	23^{d} ±0,65	27^{a} ±1,0	24^{b} ±0,86
Quente				
Controlo	26^{ab} ±0,43	24^{cd} ±0,43	25^{a} ±0,2	27^{a} ±0,22
Cr	25^{bc} ±0,21	28^{ab} ±0,45	26^{a} ±0,3	24^{b} ±0,25
Se-E	24^{c} ±0,21	26^{bc} ±0,68	21^{b} ±0,3	26^{a} ±0,36
Valor *P*	0.046	0.0001	0.0001	0.016

As médias com letras diferentes (A, B e C ou a, b, c,...) na mesma coluna são significativamente diferentes a (P<0,05).

Cr= Crómio, Se-E= Selénio +Vitamina-E.

A estação do ano foi mais alta (P<0,0001) do que a leve, com valores de 26±0,3 e 24 ± 0,5 respirações/min, respetivamente (Tabela 9 e Apêndice 3).

A aplicação dos tratamentos mostrou diferenças significativas (P<0,01 ou 0,0001) na RR durante as diferentes fases do ciclo estral, exceto na fase do cio. Vale a pena mencionar que as fêmeas tratadas com Se-E apresentaram a menor FR (24 respirações/min) durante as fases de proestro e estro, em comparação com o grupo de controlo e o grupo Cr. O grupo Cr apresentou uma RR significativamente mais baixa (24 ± 0,27 respirações/min) no estro, em comparação com os outros grupos, como se pode ver na Tabela 9.

Em relação à interação, em condições moderadas, as fêmeas injetadas com Se-E tiveram uma RR significativamente mais baixa (P<0,05) do que a Cr durante o diestro e o proestro e mais baixa do que o controlo no proestro e no metestro. Pelo contrário, as coelhas tratadas com Cr apresentaram uma FR durante o estro (24 ± 2,1 respirações/min) e o metestro (23 ± 0,39 respirações/min) inferior à dos outros grupos.

Por outro lado, em condições de calor, o Se-E apresentou uma diminuição acentuada da RR (21 ± 0,3 respirações/min) na fase de cio, em comparação com o controlo (26 ± 0,43 respirações/min). No entanto, as fêmeas alimentadas com Cr apresentaram resultados de RR flutuantes durante o estro, apresentando o RR mais elevado (28 ± 0,45 respirações/min) no proestro e o RR mais baixo (24 ± 0,25 respirações/min) no metestro, em comparação com o controlo (Quadro 9).

A partir dos dados obtidos, é evidente que a taxa de respiração foi significativamente (P< 0,05, 0,01 ou 0,0001) afetada pela estação, pelo tratamento e principalmente pela interação entre eles (Quadro 10 e Anexo 3).

Os efeitos da estação do ano sobre a FR durante o início, o meio e o final da gestação mostraram principalmente o mesmo padrão flutuante do ciclo estral. A frequência respiratória na estação amena foi mais elevada (26 ± 0,3 respirações/min) no início da gravidez do que na estação quente (22 ± 0,4 respirações/min). Registou-se uma tendência contrária durante o meio e o fim da gravidez.

O tratamento das cabras com Cr revelou um aumento significativo (P<0,05 ou 0,0001) da FR, especialmente durante o meio e o fim da gestação, em comparação com o grupo de controlo, com valores médios de 27 ±0,3 e 29 ±0,49 respirações/min contra 25 ± 0,5 e 28 ±0,8 respirações/min, respetivamente. Por outro lado, a injeção de Se-E durante a gravidez revelou uma tendência flutuante da FR, mostrando um aumento (P<0,05) no início da gravidez e uma diminuição (P<0,0001) no final da gravidez, em comparação com o grupo de controlo (Tabela 10).

Em condições de estação amena, a RR das coelhas tratadas com Cr ou Se-E foi superior à do controlo no início e a meio da gestação. No final da gravidez, as coelhas tratadas com Cr registaram a maior RR (27 ± 0,57 respirações/min) em comparação com os outros grupos. No entanto, em condições de calor, as coelhas Se-E registaram a menor FR (25 ± 0,3 e 26 ± 0,37 respirações/min) a meio e no final da gravidez, respetivamente, em comparação com 27 ± 0,5 e 31 ± 0,21 respirações/min para os outros grupos.

Quadro 10   : Médias (±SE) da frequência respiratória (respirações/min) das coelhas durante o período de gestação em função da estação do ano, do tratamento e da sua interação.

Item	Frequência respiratória (respirações/min)		
	Cedo	Médio	Tarde
Estação (S)			

Suave	26 ±0.3	25 ±0.3	25 ±0.44
Quente	22 ±0.4	26 ±0.3	29 ±0.42
Valor *P*	0.0001	0.005	0.0001
Tratamentos (T)			
Controlo	23^B ±0,5	25^B ±0,5	28^B ±0,80
Cr	24^A ±0,6	27^A ±0,3	29^A ±0,49
Se-E	24^A ±0,7	25^B ±0,2	24^C ±0,41
Valor *P*	0.034	0.0001	0.0001
Interações (S*T)			
Suave			
Controlo	24 ±0.2	23^c ±0,7	24^c ±0,67
Cr	26 ±0.3	26^{ab} ±0,2	27^b ±0,57
Se-E	27 ±0.6	25^b ±0,3	23^c ±0,32
Quente			
Controlo	22 ±0.9	27^a ±0,5	31^a ±0,21
Cr	22 ±0.9	27^a ±0,5	31^a ±0,21
Se-E	22 ±0.4	25^b ±0,3	26^b ±0,37
Valor *P*	0.085	0.0001	0.0001

As médias com letras diferentes (A, B e C ou a, b, c,...) na mesma coluna são significativamente diferentes a (P<0,05).

Cr= crómio, Se-E= Selénio +Vitamina-E.

Conforme apresentado no Quadro 11, a taxa de respiração das coelhas durante o período pós-parto foi significativamente (P<0,0001) afetada pela estação do ano, pelos tratamentos e pela sua interação.

Na estação amena, as fêmeas apresentaram RR maior do que na estação quente nos dias 15th, 30th e 45th pós-parto. A RR mais elevada (30 ± 0,45 respirações/min) foi registada no 30° dia pós-parto na estação temperada, enquanto a RR mais baixa (23 ± 0,68 respirações/min) foi registada no mesmo dia pós-parto durante a estação quente.

Independentemente do efeito da estação, a aplicação do tratamento com Cr ou Se-E levou a uma diminuição significativa da RR durante o pós-parto em comparação com o controlo. As fêmeas que receberam tratamento com Cr apresentaram maior FR do que as que receberam tratamento com Se-E durante o pós-parto. A maior FR (27 ±0,91 respirações/min) foi registada no dia 15th PP para o grupo Cr, enquanto a menor FR registada foi de cerca de 24 respirações/min para o grupo Se-E nos dias 15th e 30th PP, como se pode ver na Tabela 11 e no Apêndice 3.

Em função da interação entre a estação do ano e o tratamento, em condições amenas, as coelhas tratadas com Cr ou Se-E tiveram uma RR inferior à do controlo, tendo o grupo do crómio registado uma RR inferior (26 respirações/min) nos dias 15 e 45 pós-parto. No entanto, em condições de estação quente, as coelhas injectadas com Se-E apresentaram a menor FR (20 respirações/minuto) nos dias 15th e 30th pós-parto e 24±0,42 respirações/minuto no dia 45th PP, seguidas do grupo Cr, com uma FR de 21±0,57 no dia 30 PP, em comparação com as coelhas de controlo.

Tabela 11 : Médias (±SE) da taxa de respiração (respirações/min) das coelhas durante o período pós-parto em função da estação do ano, do tratamento e da sua interação.

Item	Frequência respiratória (respirações/min)		
	PP de 15 dias	PP de 30 dias	PP de 45 dias
Estação (S)			
Suave	28 ±0.59	30 ±0.45	28 ± 0.49
Quente	26 ±0.79	23 ± 0.68	26 ± 0.33
Valor *P*	0.0001	0.0001	0.0001
Tratamentos (T)			
Controlo	29A ±0.49	30^A ±0,61	30^A ±0,55
Cr	27B ±0.91	25^B ±1,0	26^B ±0,25
Se-E	24^c ±0,84	24^B ± 0,9	26^B ±0,42
Valor *P*	0.0001	0.0001	0.0001
Interação (S*T) Item			
Suave			
Controlo	30^a ±0,49	31^a ±1,1	32^a ±0,42
Cr	26^b ±1,20	30^{ab} ±0,65	26^c ±0,39
Se-E	28^{ab} ±0,13	29^b ±0,25	27^{bc} ±0,32
Quente			
Controlo	28^{ab} ±0,44	29^b ±0,15	28^b ±0,45
Cr	29^a ±1,20	21^c ±0,57	27^{bc} ±0,25
Se-E	20^c ±0,43	20^c ±0,21	24^d ±0,42
Valor *P*	0.0001	0.0001	0.0001

Meios com letras diferentes (A, B e C ou a, b, c,...) na mesma coluna

são significativamente diferentes a (P<0,05).

Cr= crómio, Se-E= Selénio +Vitamina-E.

A inspeção dos resultados da estação quente atual do tratamento com Cr durante os períodos de estro, gravidez e pós-parto não teve, em geral, um efeito significativo na taxa de respiração em comparação com o controlo.

Os resultados actuais estão de acordo com os de **Lacetera *et al.* (2002),** que concluíram que a administração de Cr (8 ou 16 mg de tripicolinato de Cr) a vacas periparturientes sujeitas a stress térmico não afectou significativamente a taxa respiratória. No entanto, em condições suaves, os presentes resultados são contrários aos resultados dos mesmos autores, que revelaram uma diminuição significativa da FR devido à suplementação com Cr (Tabela 10). **An-Qiang *et al.* (2009)** estudaram o efeito da adição de picolinato de Cr a vacas Holstein em lactação sujeitas a stress térmico (15 a 45 dias após o parto) e não encontraram qualquer efeito significativo nas taxas de respiração devido à suplementação com Cr.

Os resultados de **Yari *et al.* (2010**) mostraram que a suplementação de bezerros na semana 5 pré-desmame com 0,02 mg de Cr / kg de $BW^{0.75}$ teve menor taxa de respiração do que os bezerros controle (34,1 *vs.* 48,0 vezes / min). Na mesma tendência, **Liu *et al.* (2015)** com suínos em crescimento estressados pelo calor afirmaram que, em comparação com a dieta controle, os suínos Cr tiveram menor RR (173 *vs.* 136 respirações / min, P <0,01) sob HS, indicando uma melhoria no nível de HS experimentado em suínos Cr.

Independentemente do efeito da estação do ano, o aumento da FR devido ao Cr está de acordo com **Kobeisy *et al.* (2004),** que referiram que a suplementação com crómio tende a aumentar a taxa de respiração dos ovinos.

Nikkhah *et al.* (2011) demonstraram que a taxa de respiração tendia a aumentar quando as vacas em início de lactação recebiam 0,05 mg, mas não 0,10 mg de Cr/kg de $PV^{0.75}$ em condições de verão.

Por outro lado, os resultados do presente trabalho para a Se-E revelaram uma diminuição significativa da taxa de respiração em condições de estação quente durante os períodos de cio, gestação e pós-parto. Esses resultados concordam com os achados de **Chauhan *et al.* (2015).** Os autores estudaram o efeito benéfico da suplementação dietética com selénio e vitamina E em ovelhas submetidas a stress térmico e concluíram que as ovelhas que receberam uma dieta combinada de Se e vitamina E apresentaram uma taxa de respiração mais baixa em condições de calor, em comparação com as que receberam uma dieta com baixo teor de Se e vitamina E ou o controlo.

Tahmasbi *et al.* (2012) afirmaram que quer a injeção de selénio-vitamina E quer a adição de selénio na dieta das vacas leiteiras Holstein tratadas apresentaram uma taxa de respiração mais baixa (P<0,05) do que o grupo não tratado durante o tempo quente.

Por outro lado, os resultados actuais discordam dos de **El- Shahat e Abdel Monem (2011)** e **Alhidary *et al.* (2012)** em ovelhas sujeitas a stress térmico. Os autores afirmaram que o tratamento de ovelhas apenas com Se ou Se e/ou vitamina E não teve um efeito significativo na taxa de respiração, mesmo que os grupos tratados fossem ligeiramente inferiores aos de controlo.

4.2. Alguns parâmetros sanguíneos de fêmeas caprinas afectados pela suplementação com Cr e Se-E:

4.2.1. Glicose sérica:

Os dados apresentados no quadro 12 mostram as concentrações de glucose no soro (mg/dl) das cabras durante o ciclo estral, em função da estação do ano, do tratamento e das suas interações.

É evidente, a partir dos dados da Tabela 12 e do Apêndice 4, que a glicose sérica foi ligeiramente mais baixa na estação quente do que na estação amena durante o ciclo estral. As diferenças nas concentrações de glucose entre as duas estações foram significativas (P<0,05, 0,01 ou 0,0001) nas fases de proestro, estro e metestro. A concentração mais baixa de glucose foi de 36,53±2,6 mg/dl na fase de estro durante a estação quente, enquanto a concentração mais alta foi de (45,77±3,2 mg/dl) no metestro na estação amena.

É obviamente claro que os grupos Cr e Se-E apresentaram uma redução significativa (P<0,0001) da glicose sérica no ciclo estral do que o controlo. A diminuição significativa da glucose devida ao Cr foi de 32,33±1,5 mg/dl na fase de proestro em comparação com o controlo. O tratamento com Cr mostrou uma tendência flutuante da glicose durante o ciclo estral, tendendo a aumentar a glicose no diestro e no metestro, mas diminuindo nas fases de proestro e estro. Por outro lado, o tratamento com Se-E aumentou gradualmente a glucose sérica, passando da concentração mais baixa (30,29±1,2 mg/dl) no diestro para a concentração mais elevada (36,4±2,0 mg/dl) na fase de cio (Quadro 12).

Quadro 12: Médias (±SE) das concentrações de glucose no soro (mg/dl) das coelhas durante o ciclo estral afectadas pela estação do ano, pelo tratamento e pela sua interação.

Item	Glicose (mg/dl)			
	Diestro	Proestro	Estrus	Metestro
Estação (S)				
Suave	39.65 ±2.1	37.59 ±1.3	42.72 ±1.2	45.77 ±3.2
Quente	39.08 ±2.3	40.17 ±2.5	36.53 ±2.6	38.25 ±1.7
Valor *P*	0.803	0.024	0.0001	0.004
Tratamentos (T)				
Controlo	48,41^A ±2,3	53,25^A ±1,80	49,75^A ±2,3	57,63^A ±3,5
Cr	39,38^B ±2,9	32,33^B ±1,50	32,71^C ±1,8	33,19^B ±1,3
Se-E	30,29^c ±1,2	31,06^B ±0,29	36,40^B ±2,0	35,21^B ±1,0
Valor *P*	0.0001	0.0001	0.0001	0.0001
Interação (S*T) Item				
Suave				
Controlo	40,94^b ±3,0	45,66^b ±0,38	42,73^{bc} ±2,5	63.78 ±6.6
Cr	42,28^b ±5,6	35,21^c ±2,70	39,53^c ±2,2	35.91 ±2.2
Se-E	35,71^b ±0,7	31,89^{cd} ±0,48	45,89^b ±0,7	37.63 ±1.8
Quente				
Controlo	55,88^a ±1,6	60,83^a ±1,8	56,78^a ±2,4	51.48 ±1.6
Cr	36,48^b ±1,7	29,46^d ±0,41	25,89^d ±0,1	30.48 ±0.9
Se-E	24,87^c ±0,20	30,23^d ±0,04	26,91^d ±0,8	32.78 ±0.5
Valor *P*	0.0001	0.0001	0.0001	0.402

As médias com letras diferentes (A, B e C ou a, b, c,...) na mesma coluna são significativamente diferentes a (P<0,05).

Cr= Crómio, Se-E= Selénio +Vitamina-E.

Em cada estação, a glucose sérica dos grupos Cr e Se-E foi inferior à do controlo na fase de proestro da estação suave, com concentrações médias de 35,21, 31,89 e 45,66 mg/dl, P<0,05, respetivamente. Pode notar-se que tanto o Cr como o Se-E diminuíram de forma insignificante a glicemia no metestro, menos do que o controlo, com concentrações de 35,91, 37,63 e 63,78 mg/dl, respetivamente (Quadro 12).

Na estação quente, os tratamentos Cr e Se-E apresentaram uma diminuição significativa (P<0,0001) da glucose durante o ciclo estral, exceto no metestro, quando comparados com o controlo. A concentração mais baixa de glucose devido ao Cr foi de 25,89 mg/dl na fase de cio, enquanto que foi de cerca de 24,87 mg/dl no diestro devido ao tratamento Se-E. A concentração mais elevada de glucose devida ao Cr foi de 36,48 mg/dl no diestro e de 32,78 mg/dl no metestro para o tratamento Se-E. O tratamento Se-E registou a maior diminuição da glucose do que o Cr nas estações amena e quente (Quadro 12).

Pode ver-se na Tabela 13 que a glucose sérica diminuiu significativamente (P<0,01 ou 0,0001) durante a estação quente, mais do que durante a estação moderada, no início e a meio da gravidez e de forma insignificante no final da gravidez. A concentração de glucose mais baixa foi registada no início da gravidez, tanto na estação quente como na estação moderada, com valores de 29,91 e 32,72 mg/dl, respetivamente. Durante a estação quente, a glucose sérica aumentou gradualmente ao longo da gravidez, atingindo o nível mais elevado de 40,65 mg/dl no final da gravidez. No entanto, a concentração mais elevada de glucose durante a estação amena foi de 44,08 mg/dl a meio da gravidez.

Quadro 13: Médias (±SE) das concentrações de glucose no soro (mg/dl) das coelhas durante o período de gestação, em função da estação do ano, do tratamento e da sua interação.

Item	Glicose (mg/dl)		
	Cedo	Médio	Tarde
Estação (S)			
Suave	32.72 ±1.5	44.08 ±1.8	43.45 ±0.89
Quente	29.91 ±0.9	34.89 ±1.1	40.65 ± 1.9
Valor *P*	0.003	0.0001	0.139
Tratamentos (T)			
Controlo	29.08B ±1.3	$40{,}48^B$ ±1,3	$45{,}22^A$ ±2,1
Cr	27.87B ±0.7	$32{,}72^C$ ±1,1	$41{,}96^{AB}$ ±1,9
Se-E	36.99A ±1.8	$45{,}27^A$ ±4,0	$38{,}97^B$ ±0,84
Valor *P*	0.0001	0.0001	0.03
Interação (S*T) Item			
Suave			
Controlo	$26{,}02^c$ ±0,8	$41{,}84^b$ ±0,27	$44{,}01^{abc}$ ± 1,5
Cr	$26{,}53^c$ ±0,11	$33{,}29^c$ ±1,3	$48{,}09^a$ ±0,12
Se-E	$45{,}60^a$ ±0,29	$57{,}12^a$ ±1,7	$38{,}27^{cd}$ ±0,92
Quente			
Controlo	$32{,}13^b$ ±2,1	$39{,}12^b$ ±2,5	$46{,}43^{ab}$ ±4,1
Cr	$29{,}21^{bc}$ ±1,3	$32{,}15^c$ ±1,8	$35{,}84^d$ ±3,1
Se-E	$28{,}38^c$ ±0,5	$33{,}42^c$ ±0,11	$39{,}67^{bcd}$ ±1,4
Valor *P*	0.0001	0.0001	0.003

As médias com letras diferentes (A, B e C ou a, b, c,...) na mesma coluna são significativamente diferentes a (P<0,05).

Cr= Crómio, Se-E= Selénio +Vitamina-E.

O tratamento com crómio diminuiu a glucose sérica no início, a meio e no final da gravidez, embora as diferenças fossem insignificantes quando comparadas com o controlo, exceto no meio da gravidez. O tratamento com Cr aumentou gradualmente a glucose sérica desde o início (27,87 mg/dl) até ao final da gravidez (41,96 mg/dl). O grupo Se-E diferiu significativamente (P<0,05 ou 0,0001) na glicose sérica do que o controlo durante os períodos de gravidez. O grupo Se-E aumentou significativamente a glicose sérica durante o início e o meio da gravidez e diminuiu-a no final da gravidez (38,97, P<0,05) em comparação com o controlo (45,22 mg/dl), como se mostra na Tabela 13 e no Anexo 4.

Tal como afetado pela interação, na estação amena, o grupo Cr não diferiu significativamente na glucose sérica durante o início e o final da gravidez em relação ao controlo. O tratamento com crómio foi inferior ao controlo a meio da gravidez, com uma concentração de 33,29 *vs.* 41,84 mg/dl. Por outro lado, o grupo tratado com Se-E foi significativamente (P<0,05) mais elevado (cerca de 19,58 e 15,28 mg/dl) do que o controlo no início e no meio da gravidez, respetivamente. No final da gravidez, o grupo tratado com Se-E apresentou uma glicose sérica insignificantemente inferior à do grupo de controlo (Quadro 13).

Por outro lado, durante a estação quente, verificou-se que a glucose sérica diminuiu durante as diferentes fases da gravidez devido ao tratamento com Cr ou Se-E, em comparação com o controlo, embora a diminuição tenha sido insignificante durante algum tempo; no início da gravidez no grupo Cr e no final da gravidez no grupo Se-E. A diminuição da glucose sérica devida ao Cr foi cerca de 2,92, 6,97 e 10,59 mg/dl inferior à do controlo e foi cerca de 3,75, 5,70 e 6,76 mg/dl inferior à do controlo devido ao Se-E nos períodos inicial, intermédio e final da gravidez, respetivamente (Quadro 13). Todos os grupos exibiram um aumento gradual da glucose sérica na altura da gravidez em condições de estação quente.

As concentrações séricas de glicose diferiram significativamente (P<0,01 ou

0,0001) em função da estação do ano, do tratamento e das suas interações nos dias pós-parto (Quadro 14).

As cabras apresentaram diferenças significativas na glucose sérica devido ao efeito da estação do ano nos 15th e 30th dias PP. A concentração mais elevada foi de 43,13 mg/dl no dia 30 PP da estação quente; no entanto, a concentração mais baixa foi de cerca de 31,92 mg/dl no dia 15 PP da mesma estação. Durante a estação amena, a glucose sérica tendeu a aumentar no 45th dia PP (Quadro 14).

A análise de variância dos dados obtidos revelou uma diminuição significativa ($P<0,0001$) da glicose sérica devido à administração de Cr nos dias do pós-parto em comparação com o controlo, sendo a concentração mais baixa de 28,76 mg/dl no dia 30 do PP. Da mesma forma, a injeção de SeE diminuiu a glicose sérica nos dias do pós-parto em comparação com o controlo, embora a diminuição tenha sido insignificante ($P<0,05$) no 30th dia PP. A concentração mais baixa de glucose devido ao tratamento com Se-E foi de cerca de 32,53±1,5 mg/dl no 15th dia PP, como se mostra na Tabela 14 e no Apêndice 4.

Tabela 14: Médias (±SE) das concentrações de glucose no soro (mg/dl) das coelhas durante o período pós-parto afectadas pela estação do ano, pelo tratamento e pela sua interação.

Item	Glicose (mg/dl)		
	PP de 15 dias	**PP de 30 dias**	**PP de 45 dias**
Estação (S)			
Suave	34.91 ±0.72	34.18 ± 0.75	35.25 ±1.2
Quente	31.92 ±1.67	43.13 ±1.8	37.17±1.7
Valor *P*	0.002	0.0001	0.197
Tratamentos (T)			
Controlo	37.29A ±1.8	43,77[A] ±1,6	44,34[A] ±1,3
Cr	30.42B ±1.0	28,76[B] ±0,22	28,96[C] ±0,5
Se-E	32.53B ±1.5	43,43[A] ±1,6	35,33[B] ±1,9
Valor *P*	0.0001	0.0001	0.0001
Interação (S*T) Item			
Suave			
Controlo	30,36[d] ±0,48	36,48[b] ±0,67	41,45[b] ±2,0
Cr	35,33[c] ±0,26	29,59[c] ±0,31	31,25[de] ±0,19
Se-E	39,03[b] ±1,1	36,48[b] ±1,3	33,04[cd] ±2,0
Quente			
Controlo	44,22[a] ±2,2	51,06[a] ±0,98	47,22[a] ±0,10
Cr	25,51[e] ±0,38	27,94[c] ±0,04	26,66[e] ±0,30
Se-E	26,02[e] ±0,92	50,38[a] ±0,19	37,63[bc] ±3,2
Valor *P*	0.0001	0.0001	0.01

As médias com letras diferentes (A, B e C ou a, b, c,...) na mesma coluna são significativamente diferentes a (P<0,05).

Cr= crómio, Se-E= Selénio +Vitamina-E.

As interações entre a estação do ano e o tratamento mostraram claramente que as cabras do grupo Cr apresentavam valores de glucose no soro significativamente mais baixos nos dias do pós-parto, exceto no dia 15 PP da estação amena, do que as do grupo de controlo, quer na estação amena quer na estação quente. Além disso, dentro do mesmo tratamento, os valores de glucose eram mais baixos na estação quente do que na estação amena, embora as diferenças fossem insignificantes nos dias 30th e 45th PP. Por outro lado, o tratamento Se-E mostrou um aumento significativo da glucose sérica no dia 15 PP e uma diminuição no dia 45th PP em comparação com o controlo na estação amena (Quadro 14 e Anexo 4).

Os níveis de glucose sérica do grupo Se-E foram inferiores aos do grupo de controlo durante os dias pós-parto na estação quente, embora a diminuição tenha sido insignificante no dia 30 PP. No grupo Se-E, a glucose sérica diminuiu significativamente no 15º dia PP na estação quente do que na suave (26,02 *vs.* 39,03 mg/dl), mas mostrou uma tendência inversa nos 30th e 45th dias PP com insignificância (P<0,05) nos 45th dias PP (Tabela 14 & Anexo 4).

No presente estudo, os resultados do crómio estão em harmonia com os de **Chang e Mowat (1992)** em vitelos stressados; **Yang *et al.* (1996)** em vacas no início da lactação e **El-Masry *et al.* (2001)** em vitelos expostos à radiação solar. Estes autores afirmaram que os animais tratados com Cr tinham uma concentração de glucose no soro inferior à dos animais não tratados. Além disso, **Wang *et al.* (2007) e (2009)** verificaram que a suplementação de suínos com Cr (Crcl3, nanocompósito de crómio ou picolinato) diminui a concentração sérica de glicose. **Munk *et al.* (1984)** sugeriram que a diminuição da concentração de glicose pode ser atribuída à depressão do nível de cortisol, que se verificou estar associada à redução do processo de gluconeogénese e ao aumento da utilização de glicose em resposta a um aumento das concentrações de insulina, uma vez que o Cr parece ser um componente integral do fator de tolerância à glicose para potenciar a ação da insulina (**Pechova e Pavlata, 2007**).

Pelo contrário, **Nikkhah *et al.* (2011)**, em vacas leiteiras no início da lactação sujeitas a stress térmico, verificaram que as concentrações séricas de glucose não foram afectadas pelo tratamento com crómio (como crómio metionina). Além disso, **Malik *et al.* (2011)**, num estudo sobre o crómio (como $Crcl_3$) na glicose sanguínea e nas enzimas hepáticas em coelhos, declararam um aumento do nível de glicose sanguínea (79,50 a 88,67 mg/dl) do grupo normal (não diabético) na dose de 200 µg de cloreto de crómio e um aumento adicional da glicose sanguínea observado na dose de 400 µg.

Os resultados atuais do aumento da glicose devido à injeção de Se-E estão de acordo com as descobertas de **Mahmoud *et al.* (2013)**, que relataram que carneiros injetados com uma combinação de selênio e vitamina E (3 ml IM como Viteselen) mostraram aumento significativo (p <0,05) na glicose sérica em comparação com o grupo controle. Na mesma linha, os resultados obtidos por **Tahmasbi *et al.* (2012)** em vacas em lactação com stress térmico mostraram que a glicose para o grupo selénio-vitamina E foi superior ao grupo não tratado. **Mahmoud *et al.* (2013)** atribuíram o aumento da glucose sérica à melhoria do anabolismo proteico e à diminuição do catabolismo proteico. Além disso, o aumento dos outros metabolitos sanguíneos pode ser atribuído à melhoria da eficiência alimentar pela vitamina E e à melhoria da saúde geral do animal e/ou do desempenho reprodutivo.

Pelo contrário, os resultados actuais discordam dos de **Soliman *et al.* (2012)**, que revelaram que não foram observadas alterações significativas na glucose plasmática das ovelhas gestantes tratadas com uma combinação de selénio e vitamina E. Na mesma tendência, **Alhidary *et al.* (2012)** verificaram que a injeção de várias doses de Se (como selenito de sódio) em ovelhas expostas a uma carga de calor não teve qualquer efeito na glucose sérica e noutros parâmetros bioquímicos.

4.2.2. ALT sérica:

Os dados do quadro 15 mostram as actividades séricas de ALT (U/L) das cabras durante as diferentes fases do ciclo estral.

Pode ver-se no Quadro 15 e no Apêndice 5 que as actividades da ALT não foram significativamente afectadas pela estação do ano durante as diferentes fases do ciclo estral. A fase do cio teve a atividade ALT mais elevada do que as outras fases, com uma atividade de 42,16 e 41,99 U/L para as estações quente e amena, respetivamente. No entanto, a atividade ALT mais baixa foi registada no metestro, com uma atividade média de 37,44 e 38,34 U/L para as estações quente e amena, respetivamente.

Quadro 15: Médias (±SE) das actividades séricas de ALT (U/L) das coelhas durante o ciclo estral, em função da estação do ano, do tratamento e da sua interação.

Item	ALT (U/L)			
	Diestro	Proestro	Estrus	Metestro
Estação (S)				
Suave	40.60 ±0.31	40.29 ±0.37	41.99 ±0.31	37.44 ±0.6
Quente	40.37±1.04	41.28 ±0.88	42.16 ±0.55	38.34 ±0.8
Valor *P*	0.8	0.072	0.696	0.112
Tratamentos (T)				
Controlo	37,62^B ±0,83	37,51^C ±0,83	40,65^B ±0,69	37.52 ±0.9
Cr	42,32^A ±0,56	43,62^A ±0,23	43,05^A ±0,42	38.42 ±0.4
Se-E	41,53^A ±1,10	41,25^B ±0,74	42,54^A ±0,35	37.74 ±1.1
Valor *P*	0.0001	0.0001	0.0001	0.404
Interação (S*T) Item				
Suave				
Controlo	39,43^b ±0,01	39,77^b ±0,33	42,94^{bc} ±0,64	39,78^b ±0,17
Cr	40,00^b ±0,31	43,05^a ±0,21	41,36^d ±0,31	39,99^b ±0,17
Se-E	42,38^{ab} ±0,61	38,08^b ±0,34	41,69^{cd} ±0,55	32,54^d ±0,4
Quente				
Controlo	35,81^c ±1,5	35,25^c ±1,39	38,36^e ±0,80	35,26^c ±1,5
Cr	44,64^a ±0,48	44,18^a ±0,34	44,75^a ±0,37	36,84^c ±0,5
Se-E	40,68^b ±2,1	44,43^a ±0,62	43,39^{ab} ±0,31	42,94^a ±0,23
Valor *P*	0.0001	0.0001	0.0001	0.0001

Meios com letras diferentes (A, B e C ou a, b, c,...) na mesma coluna

são significativamente diferentes a (P<0,05).

Cr= crómio. Se-E= Selénio +Vitamina-E.

É evidente, a partir dos dados do Quadro 15 e do Apêndice 5, que a ALT sérica aumentou significativamente (P<0,0001) durante as fases de diestro, proestro e estro devido à suplementação com Cr ou Se-E, em comparação com o controlo. No cio, a ALT sérica não foi significativamente afetada pelos tratamentos. As fêmeas que receberam Cr apresentaram uma atividade ALT significativamente mais elevada, cerca de 2,37 U/L, do que as que receberam Se-E na fase de proestro.

Existe um efeito altamente significativo (P<0,0001) na atividade ALT durante o ciclo estral devido à interação entre a estação do ano e os tratamentos. Na estação amena, o tratamento Se-E registou a menor diminuição significativa da atividade ALT (32,54 U/L) no estro, em comparação com o controlo e o Cr (39,78 e 39,99 U/L, respetivamente). Por outro lado, o tratamento Cr apresentou uma atividade ALT significativamente mais elevada (43,05 U/L) do que o controlo (39,77 U/L) no proestro, e diminuiu significativamente cerca de 1,58 U/L menos do que o controlo na fase do estro (Quadro 15 e Anexo 5).

Em condições de calor, é obviamente claro que a ALT sérica foi significativamente mais elevada devido aos tratamentos com Cr e Se-E do que ao controlo no período do cio. O aumento mais elevado da atividade da ALT foi (44,75 U/L) na fase de cio devido ao efeito do Cr, em comparação com 38,36 U/L para o controlo. Por outro lado, a atividade ALT mais elevada devido ao tratamento com Se-E foi de 44,43 U/L na fase de proestro. A atividade ALT mais baixa devido aos tratamentos com Cr ou Se-E foi de (36,84 U/L) no cio no grupo tratado com Cr (Tabela 15).

As actividades séricas de ALT durante os períodos de gravidez, exceto no final da gravidez, não foram significativamente afectadas pela estação do ano, mas mostraram um efeito significativo (P<0,05, 0,001 ou 0,0001) devido aos tratamentos e à interação entre a estação do ano e o tratamento, como se mostra no Quadro 16 e no Apêndice 5. O único decréscimo significativo na atividade da ALT foi (40,45 U/L) no final da gravidez na estação quente contra 43,18 U/L na estação amena (Quadro 16).

No que diz respeito ao efeito do tratamento, tanto os grupos tratados com Cr como com Se-E foram significativamente (P<0,01 ou 0,0001) mais elevados nas actividades de ALT durante os diferentes períodos de gestação, exceto no final da gestação. As cabras tratadas com Cr apresentaram a atividade ALT mais elevada (43,79 U/L) no final da gestação em comparação com os outros grupos. As cabras tratadas com Se-E não diferiram do Cr no início e a meio da gravidez, mas diminuíram significativamente cerca de 2,89 U/L menos do que o Cr no final da gravidez (Quadro 16).

Como afetado pela interação, em condições moderadas, a ALT sérica não diferiu significativamente durante a gravidez devido aos tratamentos aplicados, quando comparada com o controlo. No entanto, em condições de calor, as cabras prenhes tratadas com Cr foram significativamente (P<0,05) superiores ao controlo em todos os períodos de gestação. A atividade mais elevada devido ao Cr foi de 44,13 *contra* 38,14 U/L no controlo. Atividade ALT semelhante

Quadro 16: Médias (±SE) das actividades séricas de ALT (U/L) das coelhas durante o período de gestação, em função da estação do ano, do tratamento e da sua interação.

Item	ALT(U/L)		
	Cedo	Médio	Tarde
Estação (S)			
Suave	42.05 ±0.38	39.86 ±0.84	43.18 ±0.79
Quente	41.62 ±0.40	40.44 ±0.52	40.45 ± 0.63
Valor *P*	0. 31	0. 308	0.017
Tratamentos (T)			
Controlo	40,65^B ±0,58	38,06^B ±0,85	40,77^B ±0,93
Cr	42,37^A ±0,43	40,87^A ±0,07	43,79^A ±0,81
Se-E	42,48^A ±0,36	41,53^A ±0,36	40,90^B ±0,92
Valor *P*	0.001	0.0001	0.005
Interação (S*T) Item			
Suave			
Controlo	42,77^{ab} ±0,69	39,14^b ±1,4	43,39^a ±0,98
Cr	42,15^{ab} ±0,75	40,68^b ±0,06	43,45^a ±1,5
Se-E	41,24^b ±0,34	39,77^b ±0,1	42,71^a ±1,6
Quente			
Controlo	38,53^c ±0,34	36,98^c ±0,9	38,14^b ±1,2
Cr	42,60^{ab} ±0,44	41,07^b ±0,08	44,13^a ±0,63
Se-E	43,73^a ±0,73	43,28^a ±0,01	39,09^b ±0,44
Valor *P*	0.0001	0.001	0.037

As médias com letras diferentes (A, B e C ou a, b, c,...) na mesma coluna são significativamente diferentes a (P<0,05).

Cr= crómio, Se-E= Selénio +Vitamina-E.

A atividade da ALT do grupo Se-E não diferiu significativamente da do grupo de controlo, exceto no final da gravidez. Além disso, a atividade da ALT do grupo Se-E tendeu a diminuir durante a gravidez (Quadro 16).

A atividade sérica da ALT das cabras foi significativamente (P<0,05 ou 0,0001) afetada pela estação do ano, pelo tratamento e pelas suas interações nos dias do período pós-parto. A diferença significativa na atividade da ALT em função da estação do ano verificou-se nos 15th e 45th dias PP. Na estação quente, a atividade da ALT diminuiu gradualmente do 15° dia PP (44,64 U/L) para o 45° dia PP (38,23 U/L), como se mostra na Tabela 17 e no Apêndice 5.

O tratamento das fêmeas com Cr mostrou um aumento significativo (P<0,05 ou 0,0001) da atividade da ALT nos dias 15th , 30th e 45th pós-parto, em comparação com o controlo, sendo a atividade mais elevada de cerca de 47,46 U/L no dia 15th PP. Por outro lado, o tratamento com Se-E não mostrou uma diferença significativa na atividade da ALT durante o pós-parto, exceto no dia 30, em que foi superior ao controlo com uma atividade média de 39,72 *vs.* 37,57 U/L, respetivamente, além disso, a atividade da ALT do grupo Se-E tendeu a diminuir no período pós-parto (Tabela 17).

Em cada estação, a atividade ALT foi mais baixa no grupo Se-E em condições moderadas do que nos outros grupos. O grupo Se-E apresentou uma atividade ALT significativamente baixa (34,01 U/L) no dia 45th PP, enquanto a atividade foi de 36,95 U/L no dia 30 PP para o tratamento Cr, em comparação com o controlo. Em condições de calor, ambos os tratamentos Cr e Se-E apresentaram um aumento significativo da atividade ALT nos dias pós-parto.

Quadro 17: Médias (±SE) das actividades séricas de ALT (U/L) das coelhas durante o período pós-parto, em função da estação do ano, do tratamento e da sua interação.

Artigo	ALT(U/L)		
	PP de 15 dias	PP de 30 dias	PP de 45 dias
Estação (S)			
Suave	40.68 ± 0.18	38.38 ±0.8	40.19 ±0.84
Quente	44.64 ± 1.7	39.81 ± 0.9	38.23 ±0.98
Valor *P*	0.005	0.102	0.014
Tratamentos (T)			
Controlo	39,98[B] ±0,69	37,57[B] ± 1,4	37,91[B] ±1,4
Cr	47,46[A] ±2,10	39,99[A] ±0,73	41,53[A] ±0,53
Se-E	40,53[B] ±0,79	39,72[A] ± 1,17	38,19[B] ±1,1
Valor *P*	0.0001	0.05	0.0001
Interação (S*T) Item			

Suave			
Controlo	41,24[b] ±0,14	41,69[a] ±0,61	43,84[a] ±0,38
Cr	41,58[b] ±0,03	36,95[b] ±0,74	42,71[ab] ±0,40
Se-E	39,21[b] ±0,14	36,49[b] ±1,91	34,01[c] ±1,5
Quente			
Controlo	38,73[b] ±1,3	33,45[c] ±1,3	31,97[c] ±1,6
Cr	53,34[a] ±3,5	43,05[a] ±0,14	40,34[b] ±0,88
Se-E	41,86[b] ±1,5	42,94[a] ±0,44	42,38[ab] ±0,61
Valor _P_	0.0001	0.0001	0.0001

As médias com letras diferentes (A, B e C ou a, b, c,...) na mesma coluna são significativamente diferentes a (P<0,05).

Cr= crómio, Se-E= Selénio +Vitamina-E.

O aumento acentuado da atividade ALT foi de (53,34 U/L) no dia 15 PP devido ao Cr, assim como a atividade ALT mais baixa foi de cerca de 40,34 U/L no dia 45th PP também devido ao tratamento com Cr. Vale a pena mencionar que o tratamento com Cr mostrou uma diminuição gradual da atividade ALT dos 15th aos 45th dias PP como no controlo. Por outro lado, o grupo Se-E teve uma atividade ALT quase estável durante o período pós-parto (Tabela 17).

Os resultados do presente estudo sobre os efeitos da estação do ano na ALT durante os períodos de cio e de gestação estão de acordo com os de **Okab _et al._ (1993)** e **Marai _et al._ (2004)**, que referiram que as actividades da ALT sérica não foram significativamente afectadas pela estação do ano (verão, outono e inverno) em Ossimi x Suffolk, em condições egípcias. O aumento da ALT devido à estação quente durante o pós-parto concordou com os resultados de **Sharma e Kataria (2011)**, que afirmaram que a atividade da ALT sérica aumentava durante o período de stress térmico em cabras. O aumento das actividades de AST e ALT séricas nos animais sujeitos a stress térmico pode dever-se ao aumento da estimulação da gluconeogénese pelos corticóides (aumento do cortisol, da cortisona ou das hormonas adrenocorticotróficas) **(Marai _et al._, 1995)**.

Os aumentos de crómio nas actividades de ALT no soro durante o ciclo estral, a gravidez e o período pós-parto não estão de acordo com os resultados de **Paul _et al._ (2005)** em corços de Bengala Negra suplementados com 0,2 e 0,4 mg/dia de crómio (como CrCl3) durante 70 dias, que revelaram uma diminuição significativa da atividade de ALT nos corços suplementados com Cr no dia 65 do tratamento, em comparação com o controlo. Além disso, **Wang *et al.* (2009)** sugeriram que a suplementação de suínos com diferentes formas de Cr (nano-composto de crómio (CrNano), picolinato de Cr ou $CrCl_3$) diminuiu de forma insignificante a atividade ALT.

Os resultados actuais do incremento da ALT devido à suplementação de Cr concordaram com os de **Malik *et al.* (2011),** que relataram que a atividade sérica da ALT aumentou significativamente no grupo normal (não diabético) que recebeu 200 ou 400µg de $CrCl_3$ durante 60 dias, quando comparado com o dia de referência (0).

Por outro lado, o presente aumento da ALT sérica devido ao tratamento com Se-E está de acordo com os resultados de **Shashidhar e Prasad (1993),** que encontraram um aumento da atividade da ALT em cabras adultas suplementadas com Se 0,15-0,3 mg/kg de peso corporal. **Singh *et al.* (2002)** relataram um aumento da atividade da ALT nos vitelos de búfalo suplementados com Se 8,54mg/kg DM na sua dieta.

Pelo contrário, estes resultados não coincidem com os de **Saleh (2000)** em ovelhas prenhes e **Esa (2011)** em cabras prenhes e em início de lactação nas condições do sul do Sinai. Os autores afirmaram que a atividade ALT diminuiu nos animais tratados com Se-E durante os períodos reprodutivos mencionados anteriormente, em comparação com o grupo não tratado. Além disso, **Kumar *et al.* (2009)** relataram que a atividade das enzimas ALT não foi afetada devido à suplementação de 0,15 mg de Se/kg de MS através de uma fonte inorgânica ou orgânica na dieta de cordeiros.

4.2.3. AST sérica:

As actividades séricas de AST (U/L) das fêmeas caprinas durante o ciclo estral, afectadas pela estação do ano, pelo tratamento e pelas suas interações, constam do quadro 18 e do apêndice 6.

Como se pode ver no quadro 18, as cabras apresentaram uma atividade sérica de AST ligeiramente mais elevada durante o ciclo estral na estação quente do que na estação amena. As fases do diestro e do metestro revelaram um aumento significativo (P<0,01 ou 0,0001) da atividade da AST (62,54 e 62,55 U/L, respetivamente) na estação quente em comparação com a estação amena (58,34 e 50,02 U/L, respetivamente).

As actividades séricas de AST foram significativamente (P<0,0001) mais elevadas nos grupos tratados nas fases de diestro, proestro e metestro do que no controlo. No entanto, a atividade da AST na fase de cio não apresentou diferenças significativas devido aos tratamentos com Cr ou Se-E em comparação com o controlo. As diferenças de AST entre Cr e Se-E não foram significativas, exceto no metestro, em que o tratamento Cr apresentou uma atividade de AST sérica cerca de 7,28 U/L inferior à do tratamento Se-E (Quadro 18).

Por outro lado, a análise de variância dos dados obtidos revelou um efeito significativo devido à interação entre a estação do ano e os tratamentos na atividade da AST durante o ciclo estral (Quadro 18).

Quadro 18: Médias (±SE) das actividades séricas de AST (U/L) das coelhas durante o ciclo estral, em função da estação do ano, do tratamento e da sua interação.

Item	AST(U/L)			
	Diestro	Proestro	Estrus	Metestro
Estação (S)				
Suave	58.34 ±1.1	49.79 ±1.5	54.29 ±0.96	50.02 ±0.97
Quente	62.54 ±2.5	47.65 ±2.0	54.41 ±1.8	62.55 ±3.4
Valor *P*	0.013	0.172	0.94	0.0001
Tratamentos (T)				
Controlo	48,81[B] ±1,7	37,56[B] ±1,3	53.25 ±1.2	46,05[C] ±0,8
Cr	65,91[A] ±1,6	55,86[A] ±0,9	55.51 ±1.7	57,76[B] ±2,3
Se-E	66,60[A] ±1,9	52,74[A] ±1,9	54.29 ±2.3	65,04[A] ±4,4
Valor *P*	0.0001	0.0001	0.52	0.0001
Interação (S*T) Item				
Suave				
Controlo	53,26[c] ±2,1	42,16[c] ±0,4	56,72[b] ±0,63	47,36[c] ±1,6
Cr	59,15[b] ±1,7	52,91[b] ±0,9	47,36[c] ±0,94	50,02[c] ±2,3
Se-E	62,62[b] ±0,52	54,29[ab] ±3,6	58,80[ab] ±0,84	50,14[c] ±0,10
Quente				
Controlo	44,36[d] ±1,9	32,96[d] ±1,8	49,78[c] ±1,8	44,74[c] ±0,11
Cr	72,67[a] ±0,42	58,80[a] ±1,0	63,67[a] ±0,42	62,55[b] ±3,3
Se-E	70,59[a] ±3,5	51,18[b] ±1,7	49,79[c] ±4,2	79,95[a] ±6,5
Valor *P*	0.0001	0.001	0.001	0.0001

Em condições moderadas, a atividade sérica da AST aumentou significativamente devido ao tratamento com Cr e Se-E nas fases de diestro e proestro, em comparação com o controlo. A atividade AST mais elevada (62,62 U/L) foi registada no diestro devido ao tratamento com Se-E.

Na estação quente, o Cr ou o Se-E apresentaram uma atividade sérica de AST superior à do controlo. A atividade AST mais elevada foi (79,95 U/L) encontrada no cio devido à injeção de Se-E. No entanto, a AST mais baixa devido aos tratamentos foi de 49,79 U/L na fase de cio do tratamento Se-E também. O grupo Cr apresentou uma AST sérica relativamente mais elevada do que o grupo Se-E, exceto no cio. Em cada tratamento, verificou-se que a atividade da AST no grupo Cr era significativamente mais elevada durante o ciclo estral na estação quente do que na estação amena. O Se-E teve um efeito flutuante na atividade da AST; no diestro e no metestro, foi mais elevada na estação quente do que na estação amena, mas apresentou uma tendência inversa durante as fases do proestro e do estro (Quadro 18).

É óbvio que a atividade sérica de AST durante o início, meio e fim da gravidez foi significativamente afetada (P<0,001 ou 0,0001) pela estação do ano, pelo tratamento e pelas suas interações, como se mostra no Quadro 19 e no Anexo 6.

A atividade sérica da AST foi significativamente mais elevada durante o período de gravidez na estação quente do que na estação amena. A atividade mais elevada de AST (61,35 U/L) foi encontrada a meio da gravidez na estação quente e a atividade mais baixa de AST (45,46 U/L) foi registada na mesma fase da gravidez na estação amena (quadro 19).

Quadro 19: Médias (±SE) das actividades séricas de AST (U/L) das coelhas durante o período de gestação, em função da estação do ano, do tratamento e da sua interação.

Item	AST(U/L)		
	Cedo	Médio	Tarde
Estação (S)			

Suave	48.69 ±1.1	45.46 ±1.1	50.71 ±1.6
Quente	53.57 ±1.0	61.35 ±1.3	61.0 ±1.6
Valor *P*	0.0001	0.0001	0.0001
Tratamentos (T)			
Controlo	53,03[A] ±1,2	55,28[A] ±2,7	57.77 ±3.1
Cr	54,47[A] ±0,6	57,19[A] ±1,3	55.68 ±2.2
Se-E	45,89[B] ±1,4	47,73[B] ±1,8	54.12 ±0.93
Valor *P*	0.0001	0.0001	0.286
Interação (S*T) Item			
Suave			
Controlo	48,92[c] ±0,10	44,42[c] ±0,7	45,28[d] ±0,52
Cr	56,55[a] ±0,4	52,56[b] ±1,3	56,72[bc] ±4,4
Se-E	40,60[d] ±1,3	39,39[d] ±1,3	50,13[cd] ± 0,31
Quente			
Controlo	57,13[a] ±1,80	66,15[a] ±3,0	70,26[a] ± 3,3
Cr	52,39[b] ±0,80	61,84[a] ±1,2	54,64[bc] ±0,42
Se-E	51,18[bc] ±1,4	56,07[b] ±0,6	58,11[b] ±0,83
Valor *P*	0.0001	0.001	0.0001

As médias com letras diferentes (A, B e C ou a, b, c,...) na mesma coluna são significativamente diferentes a (P<0,05).

Cr= Crómio, Se-E= Selénio +Vitamina-E.

Como se pode ver no quadro 19, a atividade AST do tratamento com Se-E diminuiu significativamente no início e a meio da gravidez em comparação com o controlo, mas a diminuição não foi significativa no final da gravidez. A atividade AST do Se-E tendeu a aumentar com o decorrer da gravidez, atingindo a atividade mais elevada de 54,12 U/L no final da gravidez. O tratamento de cabras com Cr durante a gravidez não afectou significativamente a atividade da AST em comparação com o controlo, embora o grupo Cr apresentasse uma atividade da AST ligeiramente baixa no início e no final da gravidez.

Conforme afetado pela interação, o fornecimento de Cr a cabras em estação amena aumentou significativamente (P<0,05) a AST sérica no início, a meio e no final da gravidez, sendo a atividade AST mais elevada de cerca de 56,72 U/L no final da gravidez. No entanto, a injeção de Se-E nas mesmas condições revelou uma diminuição acentuada da atividade da AST no início e a meio da gravidez (40,60 e 39,39 U/L, respetivamente) em comparação com o controlo.

Por outro lado, a suplementação com Se-E ou Cr durante a estação quente diminuiu a atividade sérica de AST durante o período de gestação, em comparação com o controlo. As actividades mais baixas de AST devidas aos tratamentos com Se-E e Cr foram de 51,18 e 52,39 U/L no início da gravidez. A diminuição da atividade da AST devida ao tratamento com Cr não foi significativa a meio da gravidez, como se mostra no quadro 19.

O quadro 20 e o apêndice 6 mostram claramente que a AST sérica das cabras foi significativamente (P<0,05 ou 0,0001) afetada pela estação do ano nos 15th , 30th e 45th dias pós-parto. A estação quente apresentou uma atividade de AST mais elevada do que a estação amena. A AST sérica tendeu a aumentar no período pós-parto durante a estação amena; no entanto, apresentou uma tendência inversa na estação quente.

Como apresentado no Quadro 20, a atividade da AST mostrou uma diminuição significativa (P<0,01 ou 0,0001) aos 15th e 30th dias PP nos grupos tratados em comparação com o controlo. No entanto, no dia 45, o tratamento com Cr aumentou significativamente a atividade da AST (64,52 U/L) em comparação com o controlo (52,97 U/L). É notório que o grupo Cr apresentou uma atividade AST contrária à do controlo durante o período pós-parto, como se mostra na Tabela 20. No entanto, o grupo Se-E apresentou um aumento gradual da atividade sérica da AST desde o dia 15 até ao dia 45 PP.

Em cada estação e em condições moderadas, o tratamento com Cr diminuiu de forma insignificante a atividade da AST nos 15th e 30th dias PP, mas aumentou-a significativamente no dia-45 PP em comparação com o controlo. A AST sérica das cabras Se-E diminuiu durante o período pós-parto, exceto no dia 15th PP, em que a diferença foi significativa (P<0,05). A atividade mais baixa da AST foi de 34,19 U/L no 15th dia PP devido à injeção de Se-E, enquanto a maior atividade foi de 68,51 U/L no dia-45 PP devido ao tratamento com Cr. As actividades de AST no soro dos grupos Cr, Se-E e de controlo aumentaram gradualmente ao longo do período pós-parto. Em condições de estação quente, tanto o grupo Cr como o grupo Se-E apresentaram uma atividade AST inferior à do grupo de controlo nos dias 15th e 30th PP, com significância

Quadro 20: Médias (±SE) das actividades séricas de AST (U/L) das coelhas durante o período pós-parto, em função da estação do ano, do tratamento e da sua interação.

Item	AST(U/L)		
	PP de 15 dias	PP de 30 dias	PP de 45 dias
Estação (S)			
Suave	41.01 ±0.10	45.74 ±0.87	54.64 ±2.10
Quente	62.33±0.90	60.81±1.9	59.19 ±1.2
Valor *P*	0.019	0.0001	0.011
Tratamentos (T)			
Controlo	56,46^A ±0,47	57,49^A ±2,7	52,97^B ±2,4
Cr	52,21^B ±0,13	51,69^B ±2,3	64,52^A ±1,13
Se-E	46,32^c ±0,71	50,65^B ±1,9	53,25^B ±1,7
Valor *P*	0.0001	0.015	0.0001
Interação (S*T) Item			
Suave			
Controlo	45,28^c ±2,4	48.75 ±1.6	50,13^{cd} ±3,4
Cr	43,55^c ±1,2	46.32 ±0.10	68,51^a ±1,2
Se-E	34,19^d ±0,7	42.16 ±1.3	45,28^d ±0,73
Quente			
Controlo	67,64^a ±1,6	66.23 ±3.8	55,81^{bc} ± 3,5
Cr	60,88^b ±1,2	57.07 ±3.8	60,53^b ±0,94
Se-E	58,46^b ±0,57	59.15 ±1.3	61,23^b ±0,52
Valor *P*	0.001	0.319	0.0001

As médias com letras diferentes (A, B e C ou a, b, c,...) na mesma coluna são significativamente diferentes a (P<0,05).

Cr= crómio, Se-E= Selénio +Vitamina-E.

no dia 15 do pós-parto. Enquanto que, no dia 45th PP Cr e Se-E mostraram um aumento insignificante na atividade AST mais do que o controlo com actividades de 60,53, 61,23 e 55,81 U/L, respetivamente.

Os resultados da AST sérica do ciclo de estro concordam com os resultados de **Malik *et al.* (2011)**, que revelaram que a atividade da AST sérica aumentou significativamente (P<0,05) sob o efeito da suplementação com cloreto de crómio em todos os grupos (normais e diabéticos).

Os resultados actuais dos períodos de gravidez e pós-parto devido à suplementação com crómio estão em conformidade com o estudo relatado por **Wang *et al.* (2009)**, que sugeriu que a suplementação de suínos com diferentes formas de Cr (nanocompósito de crómio (Cr Nano), picolinato de Cr ou CrCl3) diminuiu de forma insignificante a atividade da AST. No entanto, estes resultados discordam das conclusões de **Yazaki *et al.* (2009)** e **Al-Bandr *et al.* (2010)**, que relataram um aumento da atividade da AST sérica devido à suplementação com crómio.

Os resultados actuais da suplementação com Se-E estão de acordo com os de **Esa (2011),** que afirmou uma diminuição significativa das actividades séricas de AST em cabras gestantes e pós-parto após tratamento com Se e vitamina E, em comparação com cabras não tratadas. Além disso, **Mohri *et al.* (2010)** referiram que o Se-E injetado a uma dose de 0,2 ml/kg de peso corporal diminuiu as actividades da AST. Além disso, **Saleh (2000)** referiu que a injeção de Se e Vitamina-E diminuiu a AST no parto e no início da lactação em ovelhas. Muitos autores afirmaram que a dose protetora de vitamina E em ovelhas grávidas previne os danos hepáticos e diminui a atividade da AST **(Garg *et al.*, 2008; Ibrahim *et al.*, 2008 e Khaled *et al.*, 2009).**

Pelo contrário, **Kumar *et al.* (2009)** referiram que a atividade das enzimas AST não foi afetada devido à suplementação de 0,15 mg de Se/kg de MS através de uma fonte inorgânica ou orgânica na dieta dos borregos.

4.2.4. <u>Proteínas totais do plasma (TP):</u>

As médias (±SE) das proteínas totais plasmáticas (g/dl) das cabras durante o ciclo estral afectadas pela estação do ano, pelo tratamento e pelas suas interações são apresentadas no Quadro 21.

Em geral, tanto a estação como o tratamento mostraram um efeito altamente significativo (P<0,0001) nas concentrações de proteínas totais (PT) durante as diferentes fases do ciclo estral, exceto na fase do cio. A fase de cio mostrou a maior concentração de proteínas totais (9,77 g/dl) em comparação com outras fases na estação quente contra 7,24 g/dl na estação amena (Tabela 21 & Apêndice 7).

Verificou-se que a suplementação de cadelas com Cr mostrou um aumento significativo (P<0,0001) da TP durante o ciclo estral, exceto na fase do cio, em comparação com o controlo e o Se-E. A maior concentração de TP (10,42 g/dl) foi na fase de proestro devido à suplementação com Cr contra 7,57 e 7,53 g/dl para o controlo e Se-E, respetivamente.

Quadro 21: Médias (±SE) das concentrações de proteínas totais (g/dl) das coelhas durante o ciclo estral afectadas pela estação do ano, pelo tratamento e pela sua interação.

Artigo	Proteínas totais (g/dl)			
	Diestro	Proestro	Estrus	Metestro
Estação (S)				
Suave	7.13 ±0.10	7.24 ±0.15	7.39 ±0.26	7.05 ±0.18
Quente	8.50 ±0.28	9.77 ±0.42	7.82 ±0.28	8.63 ±0.33
Valor *P*	0.0001	0.0001	0.109	0.0001
Tratamentos (T)				
Controlo	$7,05^c$ ±0,10	$7,57^B$ ±0,12	7.51 ±0.23	$7,09^B$ ±0,04
Cr	$8,55^A$ ±0,40	$10,42^A$ ±0,56	7.59 ±0.47	$9,78^A$ ±0,37
Se-E	$7,85^B$ ±0,06	$7,53^B$ ±0,32	7.73 ±0.22	$6,66^C$ ±0,17
Valor *P*	0.0001	0.0001	0.785	0.0001
Interação (S*T) Item				
Suave				
Controlo	$7,03^{cd}$ ±0,11	$7,44^c$ ±0,15	$8,59^{ab}$ ±0,01	$7,13^c$ ±0,04
Cr	$6,60^d$ ±0,06	$7,88^c$ ±0,01	$5,73^d$ ±0,09	$8,10^b$ ±0,29
Se-E	$7,75^b$ ±0,12	$6,39^d$ ±0,30	$7,87^{bc}$ ±0,46	$5,93^d$ ±0,19
Quente				
Controlo	$7,07^{cd}$ ±0,18	$7,69^c$ ±0,18	$6,42^d$ ±0,27	$7,06^c$ ±0,06
Cr	$10,49^a$ ±0,36	$12,96^a$ ±0,36	$9,45^a$ ±0,55	$11,46^a$ ±0,01
Se-E	$7,94b^c$ ±0,02	$8,68^b$ ±0,30	$7,58^c$ ±0,05	$7,38^c$ ±0,04
Valor *P*	0.0001	0.0001	0.0001	0.0001

As médias com letras diferentes (A, B e C ou a, b, c,...) na mesma coluna são significativamente diferentes a (P<0,05).

Cr= Crómio, Se-E= Selénio +Vitamina-E.

Por outro lado, o tratamento dos animais com Se-E revelou um efeito flutuante na concentração de TP durante o ciclo estral. A injeção de Se-E aumentou significativamente (P<0,05) a concentração de TP (7,85 g/dl) na fase de diestro mais do que o controlo (7,05 g/dl), tendo mostrado uma diminuição significativa (6,66 g/dl) no metestro. No entanto, não há diferença significativa na concentração de TP na fase de proestro devido à injeção de Se-E em comparação com o controlo. Foi obtida uma tendência semelhante de insignificância na TP na fase de cio devido aos tratamentos com Cr e Se-E (Tabela 21).

Em condições moderadas, o grupo Cr apresentou diferenças insignificantes na concentração de TP nas fases de diestro e proestro, em comparação com o controlo, apresentando um aumento (8,10 g/dl; P<0,05) no metestro. Para além disso, a concentração de TP mais baixa (5,73 g/dl) na fase de estro foi devida ao tratamento com Cr. No entanto, a TP plasmática aumentou significativamente devido ao tratamento com Cr no ciclo estral durante a estação quente, sendo a concentração mais elevada de TP de 12,96 g/dl no proestro contra 7,59 g/dl no controlo. Por outro lado, o Se-E apresentou um aumento significativo da TP (7,75 g/dl) no diestro da estação amena, no proestro (8,68 g/dl) e na fase do estro (7,58 g/dl) da estação quente, em comparação com o controlo. Considerando que, Se-E mostrou uma diminuição significativa na TP na estação amena nas fases de proestro e metestro (Tabela 21 & Apêndice 7).

Mostrou claramente que as concentrações de TP foram significativamente (P<0,0001) afectadas pela estação, pelo tratamento e pela interação entre eles durante o período de gestação (Quadro 22 e Anexo 7).

Tabela 22: Médias (±SE) das concentrações de proteínas totais (g/dl) do período de gestação das coelhas afectadas pela estação do ano, tratamento e sua interação.

Item	Proteínas totais (g/dl)		
	Cedo	Médio	Tarde
Estação (S)			
Suave	7.90 ±0.14	8.46 ±0.4	7.83 ± 0.10
Quente	10.14 ±0.42	10.55±0.2	11.26 ±0.35
Valor *P*	0.0001	0.0001	0.0001
Tratamentos (T)			
Controlo	7,64^c ±0,21	7,41^C ±0,14	8,42^B ±0,34
Cr	10,23^A ±0,47	9,91^B ±0,5	10,03^A ±0,55
Se-E	9,18^B ±0,43	11,18^A ±0,2	10,21^A ±0,41
Valor *P*	0.0001	0.0001	0.0001
Interação (S*T) Item			
Suave			
Controlo	7,41^c ±0,25	7,73^c ±0,18	7,83^{cd} ±0,12
Cr	8,13^c ±0,29	7,54^c ±0,02	7,35^d ±0,04
Se-E	8,17^c ±0,02	10,11^b ±0,17	8,33^{bc} ±0,22
Quente			
Controlo	7,87^c ±0,33	7,09^d ±0,17	9,01^b ±0,65
Cr	12,34^a ±0,22	12,30^a ±0,01	12,71^a ±0,10
Se-E	10,20^b ±0,78	12,26^a ±0,14	12,08^a ±0,14
Valor *P*	0.0001	0.0001	0.0001

As médias com letras diferentes (A, B e C ou a, b, c,...) na mesma coluna são significativamente diferentes a (P<0,05).

Cr= Crómio, Se-E= Selénio +Vitamina-E.

As fêmeas da estação quente apresentaram um aumento significativo (P<0,0001) na concentração de TP durante os períodos de gestação, mais do que na estação amena. O final da gestação mostrou a maior concentração de TP (11,26 g/dl) na estação quente, e a menor concentração (7,83 g/dl) na estação amena, como mostra a Tabela 22 e o Apêndice 7.

O fornecimento de Se-E ou Cr às fêmeas durante a gravidez resultou num aumento altamente significativo (P<0,0001) das concentrações de TP em comparação com o controlo. O tratamento com Se-E teve a vantagem de aumentar a TP mais do que o Cr; a concentração mais elevada foi de 11,18 g/dl a meio da gravidez devido ao Se-E, em comparação com 9,91 e 7,41 g/dl para o Cr e o controlo, respetivamente (Quadro 22).

Em cada estação e em condições amenas, não houve efeito significativo devido a Se-E ou Cr nas concentrações de TP em comparação com o controlo, exceto a concentração mais elevada de TP (10,11g/dl) registada a meio da gravidez devido à infeção por Se-E. Pelo contrário, a aplicação de Cr ou Se-E revelou um aumento significativo nas concentrações de TP na estação quente em comparação com o controlo. O valor mais alto de TP foi (12,71±0,1g/dl) no final da gravidez devido ao tratamento com Cr. Além disso, o Cr foi maior em TP durante o período de gestação do que o Se-E, embora a diferença não tenha sido estatisticamente significativa, exceto no início da gestação em que o Cr foi significativamente mais elevado em 2,14 g/dl do que o Se-E. Dentro de cada tratamento, tanto o Cr como o Se-E apresentaram concentrações de TP mais elevadas na estação quente do que na amena, como se mostra na Tabela 22 e no Apêndice 7.

As concentrações de TP foram significativamente (P<0,001 ou 0,0001) afectadas pela estação do ano, pelo tratamento e pela sua interação durante 15th, 30th e 45th dias pós-parto, como se mostra na Tabela 23 e no Anexo 7.

A inspeção dos dados obtidos mostrou que, na estação quente, a concentração de TP foi significativamente mais elevada do que na estação amena nos dias de PP. A maior concentração de TP foi de 10,69 g/dl no dia 15th PP na estação quente.

Enquanto a menor concentração de TP (7,59 g/dl) foi no dia-45 PP na estação amena (Tabela 23).

Os tratamentos Se-E ou Cr mostraram um aumento significativo da TP em comparação com o controlo. O grupo Se-E apresentou concentrações de TP mais elevadas do que o grupo Cr, embora as diferenças não tenham sido significativas nos 15th e 45th dias PP, apresentou a maior concentração de TP (10,65 g/dl) no início da gestação contra 8,63 g/dl no controlo (Quadro 23).

Em condições moderadas, não há diferença significativa na TP devido ao tratamento com Cr nos dias de PP em comparação com o controlo. O Se-E mostrou uma diminuição significativa ($P<0,05$) nas concentrações de TP de 7,65 e 6,89 *vs.* 8,98 e 8,24 g/dl para o controlo em 30th e 45th dias PP, respetivamente. De um modo geral, tanto os grupos Cr como Se-E apresentaram valores de TP inferiores aos do controlo na estação amena.

Por outro lado, e em condições de estação quente, vale a pena mencionar que os grupos Se-E e Cr apresentaram concentrações de TP superiores às do controlo. Além disso, o grupo Se-E registou concentrações de TP mais elevadas de 13,07 e 12,17 g/dl em 30th e 45th dias PP, respetivamente, mais

Tabela 23: Médias (±SE) das concentrações de proteínas totais (g/dl) das coelhas durante o período pós-parto em função da estação do ano, do tratamento e da sua interação.

Item	Proteínas totais (g/dl)		
	PP de 15 dias	PP de 30 dias	PP de 45 dias
Estação (S)			
Suave	8.83 ±0.19	8.29 ± 0.15	7.59 ±0.12
Quente	10.69 ±0.37	10.43 ±0.45	10.63±0.32
Valor *P*	0.0001	0.0001	0.0001
Tratamentos (T)			
Controlo	8,63[B] ±0,28	8,19[C] ±0,41	8,49[B] ±0,18
Cr	10,01[A] ±0,40	9,54[B] ±0,27	9,31[A] ±0,38
Se-E	10,65[A] ±0,42	10,36[A] ±0,57	9,53[A] ±0,62
Valor *P*	0.0001	0.0001	0.002
Interação (S*T) Item			
Suave			
Controlo	8,85[b] ±0,10	8,98[c] ±0,33	8,24[cd] ±0,01
Cr	8,35[b] ±0,20	8,27[cd] ±0,10	7,63[de] ±0,13
Se-E	9,31[b] ±0,51	7,65[d] ±0,18	6,89[e] ±0,22
Quente			
Controlo	8,42[b] ±0,57	7,42[d] ±0,69	8,73[c] ±0,35
Cr	11,68[a] ±0,33	10,81[b] ±0,16	10,99[b] ±0,26

Se-E	11,99^a ±0,40	13,07^a ±0,15	12,17^a ±0,51
Valor _P_	0.0001	0.0001	0.0001

As médias com letras diferentes (A, B e C ou a, b, c,...) na mesma coluna são significativamente diferentes a (P<0,05).

Cr= crómio, Se-E= Selénio +Vitamina-E. do que o tratamento Cr e o controlo com concentrações de TP de cerca de 10,81 e 10,99 g/dl _vs._ 7,42 e 8,73 g/dl, respetivamente (Quadro 23).

Os resultados actuais discordam dos de **Dangi _et al._ (2012)**, que revelaram uma diminuição significativa da concentração de proteínas totais em cabras durante o stress térmico. A proteína plasmática total diminuiu de 6,56 para 5,88 g/dl em cabras Baladi submetidas a stress térmico de curta duração durante dois dias. Isto pode dever-se ao aumento do volume plasmático em resultado do choque térmico, que provoca uma diminuição da concentração de proteínas plasmáticas **(Helal _et al._, 2010)**.

Os resultados atuais do Cromo estão em harmonia com os achados de **El-Masry _et al._ (2001)**, que descobriram que as proteínas totais do soro aumentaram significativamente (p<0.01) em bezerros que receberam 0.6 mg Cr/kg DM sob condições de stress térmico quando comparados com bezerros não tratados com Cr. O aumento de PT em resposta a suplementação com Cr pode ser atribuído a uma melhor absorção de nitrogênio **(kornegay _et al._, 1997)**, aumento da síntese de aminoácidos no fígado, no qual o Cr pode aumentar a síntese de aminoácidos possivelmente via insulina e incorporação de vários aminoácidos na proteína **(Moonsie-Shageer e Mowat, 1993)**. Na mesma tendência, **Wang _et al._ (2009)** revelaram que a suplementação de suínos com clorcto de crómio; nano-composto e picolinato resultou num aumento significativo da TP sérica.

Os resultados do tratamento com Se-E concordaram com os de **Krajnicakova _et al._ (2003)**, que encontraram um aumento significativo (P<0,05) nas proteínas totais (PT) no dia 40 pós-parto em cabras. Além disso, com os de **Esa (2011)** em cabras Baladi, relataram que o tratamento com Se-E causou um aumento notável na concentração de TP em todos os animais tratados no início, no meio e no final da gestação e na lactação de cabras quando comparado com o grupo de controlo nas condições do sul do Sinai. **Soliman *et al.* (2012)** relataram que as ovelhas injectadas com vitamina E mais Se no final da gestação e durante o período de amamentação aumentaram significativamente a proteína total plasmática em comparação com as ovelhas de controlo.

A diminuição da concentração de TP em animais prenhes ou pós-parto não tratados está de acordo com os resultados relatados anteriormente por **Hassan *et al.* (1986).** Estes autores referiram que esta diminuição pode ser atribuída à produção de leite e ao aumento da utilização de proteínas plasmáticas para a biossíntese do leite e/ou ao transporte de proteínas diretamente para o leite. Além disso, **Brozostowski *et al.* (1996) e El-Sherif e Assad (2001)** relataram uma queda na proteína plasmática de ovelhas prenhes entre as semanas 16th e 18th de gestação. Esta diminuição das proteínas plasmáticas no período de gestação pode estar relacionada com as elevadas necessidades proteicas para o crescimento do embrião. O feto sintetiza todas as suas proteínas a partir dos aminoácidos provenientes da mãe **(Jainudeen e Hafez, 1994).**

Pelo contrário, estes resultados discordam dos de **Kumar *et al.* (2009),** que afirmaram que a suplementação de Se (0,15 mg de Se/kg de dieta) através de selenito de sódio não teve qualquer efeito na TP sérica em ovinos.

<u>**4.2.5. Albumina (Alb):**</u>

As médias (±SE) da albumina (g/dl) das cabras durante o ciclo estral afectadas pela estação do ano, pelo tratamento e pelas suas interações são apresentadas no quadro 24.

De um modo geral, as fêmeas caprinas apresentaram concentrações de albumina (Alb) ligeiramente mais elevadas na estação quente do que na estação amena durante o ciclo estral. O aumento significativo (P<0,0001) registou-se nas fases de proestro e metestro, com concentrações médias de 3,35 e 3,36 g/dl na estação quente contra 2,81 e 3,02 g/dl na estação temperada, respetivamente, como se pode ver no Quadro 24 e no Apêndice 8.

Estes resultados estão de acordo com os de **Okoruwa (2014),** que verificou que a exposição de cabras ao stress térmico aumentava significativamente a albumina de (2,90 g/dl) para (3,88 g/dl), de acordo com a data. Além disso, **Salem *et al.* (1998)** observaram que a concentração de albumina era mais elevada no verão do que no inverno em Chios e cruzamentos de Chios com borregos Ossimi no Alto Egito.

Os resultados actuais discordam dos de **Helal *et al.* (2010),** que referiram que a albumina diminuiu de 2,53 para 2,08 g/dl em resultado da exposição a curto prazo (dois dias) ao stress térmico em cabras Baladi.

Tabela 24: Médias (±SE) das concentrações de albumina (g/dl) das coelhas durante o ciclo estral afectadas pela estação do ano, pelo tratamento e pela sua interação.

Item	Albumina (g/dl)			
	Diestro	Proestro	Estrus	Metestro
Estação (S)				
Suave	3.06 ±0.08	2.81 ±0.06	3.13 ±0.03	3.02 ±0.04
Quente	2.97 ±0.10	3.35±0.07	3.18 ±0.06	3.36±0.03
Valor *P*	0.43	0.001	0.40	0.001
Tratamentos (T)				
Controlo	3.05 ±0.08	$3,24^A$ ±0,13	$2,99^B$ ±0,04	3.21 ±0.06
Cr	3.12 ±0.16	$2,93^B$ ±0,08	$3,26^A$ ±0,04	3.13 ±0.05
Se-E	2.87 ±0.04	$3,08^B$ ±0,01	$3,22^A$ ±0,08	3.23±0.06
Valor *P*	0.19	0.001	0.001	0.21
Interação (S*T) Item				
Suave				
Controlo	$3,02^{ab}$ ±0,16	$2,69^c$ ±0,13	2.98 ±0.07	$3,14^{bc}$ ±0,09
Cr	$3,42^a$ ±0,05	$2,64^c$ ±0,05	3.18±0.01	$2,90^d$ ±0,02
Se-E	$2,73^b$ ±0,01	$3,10^b$ ±0,02	3.22 ±0.08	$3,01^{cd}$ ±0,06
Quente				
Controlo	$3,08^{ab}$ ±0,03	$3,79^a$ ±0,01	2.99 ±0.02	$3,29^{ab}$ ±0,06
Cr	$2,82^b$ ±0,29	$3,21^b$ ±0,12	3.35 ±0.08	$3,36^a$ ±0,01
Se-E	$2,99^{ab}$ ±0,06	$3,05^b$ ±0,01	3.22 ±0.14	$3,45^a$ ±0,03
Valor *P*	0.01	0.0001	0.539	0.014

As médias com letras diferentes (A, B e C ou a, b, c,...) na mesma coluna são significativamente diferentes a (P<0,05).

Cr= Crómio, Se-E= Selénio +Vitamina-E.

Por outro lado, os tratamentos mostraram uma diferença significativa (P<0,0001) nas concentrações de Alb nas fases de proestro e estro em comparação com o controlo. Na fase de proestro, o Cr e o Se-E apresentaram concentrações de albumina mais baixas (2,93 e 3,08 g/dl) do que o grupo de controlo (3,24 g/dl). Por outro lado, o Cr e o Se-E aumentaram significativamente a albumina na fase de cio, mais do que no grupo de controlo, com concentrações de 3,26, 3,22 e 2,99 g/dl, respetivamente (Quadro 24 e Anexo 8).

As concentrações de albumina foram significativamente (P<0,01 ou 0,0001) afectadas pela interação entre a estação do ano e o tratamento durante o ciclo estral, exceto na fase do cio. O tratamento com Cr não diferiu significativamente na concentração de albumina em relação ao controlo durante o ciclo estral em condições moderadas, exceto na fase de cio, em que o Cr diminuiu a albumina em relação ao controlo (2,90 *vs.* 3,14 g/dl, respetivamente). A Se-E foi significativamente mais elevada na Alb no proestro do que no controlo (3,10 *vs.* 2,69 g/dl) e não diferiu do controlo nas outras fases do estro (Quadro 24).

Em condições de estação quente, o Cr e o Se-E não diferiram significativamente do controlo, exceto na fase de proestro, em que foram significativamente (P<0,05) mais baixos na albumina do que no controlo, com concentrações de 3,21, 3,05 e 3,79 g/dl, respetivamente. Dentro de cada grupo, o Cr foi mais elevado nas concentrações de Alb na estação quente do que na estação amena durante as fases de proestro, estro e metestro, embora o aumento tenha sido insignificante na fase de estro e tenha mostrado um efeito inverso no diestro. Por outro lado, o tratamento Se-E não diferiu em Alb na estação quente do que na estação amena durante o ciclo estral, exceto no metestro, que foi mais elevado, com mais 0,44 g/dl do que na estação amena. Tanto o grupo Cr como o grupo Se-E tenderam a aumentar a albumina durante o ciclo estral, atingindo a concentração mais elevada na fase do cio, como se pode ver no Quadro 24 e no Apêndice 8.

A diminuição das concentrações de albumina durante as fases de diestro e proestro devido ao tratamento com Se-E no presente estudo concordou com as conclusões de **Esa (2011)** com cabras fêmeas, que indicou que a albumina diminuiu nos animais tratados com Se-E na fase de pré-cobrição do que no grupo de controlo nas condições do sul do Sinai.

Como se pode ver no Quadro 25, as concentrações de albumina foram significativamente (P<0,01 ou 0,0001) afectadas pela estação do ano, pelo tratamento e pelas respectivas interações durante o período de gestação. No início e no final da gravidez, as concentrações de albumina diferiram significativamente consoante a estação do ano. No início da gravidez, a albumina era mais elevada na estação amena do que na estação quente, mas apresentou uma tendência inversa no final da gravidez, com uma diminuição de 0,51 g/dl inferior à da estação quente. A albumina diminuiu gradualmente ao longo da gravidez nas estações amenas, atingindo a concentração mais baixa (2,70 g/dl) no final da gravidez (Quadro 25 e Anexo 8).

A suplementação de Cr ou Se-E mostrou alterações significativas (P<0,0001) nas concentrações de albumina em comparação com o controlo durante o período de gestação. Em geral, os grupos Cr e Se-E apresentaram concentrações de albumina inferiores às do controlo, exceto no final da gravidez no grupo Cr. O grupo Se-E apresentou as concentrações de albumina mais baixas no início da gravidez,

Tabela 25: Médias (±SE) das concentrações de albumina (g/dl) das coelhas durante o período de gestação afectadas pela estação do ano, pelo tratamento e pela sua interação.

Item	Albumina (g/dl)		
	Cedo	Médio	Tarde
Estação (S)			
Suave	3.36 ±0.062	3.07 ±0.03	2.70 ± 0.08
Quente	3.18 ±0.061	3.15 ±0.08	3.21 ± 0.05
Valor *P*	0.008	0.229	0.0001
Tratamentos (T)			
Controlo	3.56A ±0.08	$3,37^A$ ±0,07	$3,16^A$ ±0,07
Cr	3.23B ±0.064	$2,99^B$ ±0,02	$3,06^A$ ±0,04
Se-E	3.03C ±0.036	$2,97^B$ ±0,08	$2,65^B$ ±0,11
Valor *P*	0.0001	0.0001	0.0001
Interação (S*T) Item			
Suave			
Controlo	$3,83^a$ ±0,027	$3,09^b$ ±0,10	$2,82^c$ ±0,05
Cr	$3,20^{bc}$ ±0,063	$3,07^b$ ±0,02	$3,15^b$ ±0,01
Se-E	$3,05^{bc}$ +0,033	$3,04^b$ ±0,02	$2,15^d$ ±0,09
Quente			
Controlo	$3,29^b$ ±0,12	$3,64^a$ ±0,01	$3,49^a$ ±0,03
Cr	$3,26^b$ ±0,11	$2,92^b$ ±0,02	$2,97^c$ ±0,08
Se-E	$3,00^c$ ±0,066	$2,89^b$ ±0,17	$3,16^b$ ±0,02
Valor *P*	0.01	0.0001	0.0001

As médias com letras diferentes (A, B e C ou a, b, c,...) na mesma coluna são significativamente diferentes a (P<0,05).

Cr= Crómio, Se-E= Selénio +Vitamina-E.

A concentração mais baixa (2,65 g/dl) no final da gravidez, em comparação com os outros grupos, foi de 3,16 e 3,06 g/dl para o controlo e Cr, respetivamente

(Quadro 25).

Em cada estação do ano e em condições de suavidade, a albumina diminuiu significativamente (P<0,05) devido aos tratamentos com Se-E e Cr no início da gravidez, em comparação com o controlo. A albumina plasmática não foi afetada pelos tratamentos durante o meio da gravidez, mas no final da gravidez o Cr aumentou significativamente a Alb (3,15 g/dl; P<0,05) do que o controlo (2,82 g/dl), enquanto o grupo Se-E foi o mais baixo (2,15 g/dl).

Na estação quente, o Cr e o Se-E diminuíram significativamente (P<0,05) as concentrações de Alb em comparação com o controlo durante a gravidez, exceto no início da gravidez do grupo Cr. O grupo Se-E apresentou a menor concentração de albumina (2,89 g/dl) durante a estação quente. Dentro de cada tratamento, tanto o Cr como o Se-E não diferiram nos valores de Alb durante o início e o meio da gravidez da estação quente em relação à estação amena. No final da gestação, a Cr diminuiu a Alb em 0,18 g/dl a menos do que na estação amena, mas a Se-E aumentou-a em 1,01g/dl a mais do que na estação amena (Tabela 25).

Esses resultados concordam com os achados de **Esa (2011)** em cabras Baladi, que descobriu que a concentração de Alb diminuiu significativamente nos grupos de gestantes tratadas com Se-E em comparação com o grupo de gestantes não tratadas. No entanto, **Soliman *et al.* (2012)** não revelaram alterações significativas observadas na albumina plasmática de ovelhas gestantes tratadas com Se-E (como viteselen) quando comparadas com o grupo de controlo. Além disso, **El-Shahat e Abd El-Monem (2011)**, relataram que ovelhas Baladi suplementadas com 50 mg de vitamina E mais 0,3 mg de Se /kg de dieta, 2 semanas antes do acasalamento e estendido durante a gravidez até o parto resultou em um aumento significativo (P <0,05) na proteína sérica total. Também notaram que, a maior concentração de Alb foi encontrada em ovelhas suplementadas apenas com vitamina E em comparação com ovelhas suplementadas com vitamina E mais Se ou apenas com Se. No entanto, as ovelhas que receberam apenas Se tinham proteínas séricas totais, Alb e globulina significativamente mais baixas.

Os resultados do tratamento com crómio discordam dos de **El-Masry** *et al.* **(2001)** que afirmaram que a suplementação de vitelos com Cr em condições de stress térmico aumentou de forma insignificante a concentração de Alb em comparação com animais não tratados.

É obviamente claro na Tabela 26 que a concentração de albumina não foi significativamente afetada pela estação do ano nos primeiros 15th e 30th dias pós-parto, enquanto que nos 45th dias pós-parto a estação quente apresentou um nível de albumina mais baixo (3,06 g/dl) do que a estação moderada (3,25 g/dl), como se pode ver na Tabela 26 e no Anexo 8.

O tratamento de cabras com Cr ou Se-E mostrou efeitos significativos na Alb aos 30th e 45th dias PP. As cabras tratadas com Cr apresentaram o Alb mais baixo (2,70 ±0,08 g/dl) aos 30th dias PP em comparação com os outros grupos. Por outro lado, o grupo Se-E apenas apresentou uma diminuição significativa no Alb (2,88 g/dl) aos 45th dias PP em comparação com os grupos de controlo (3,38 g/dl) e Cr (3,21 g/dl) (Tabela 26).

Tabela 26: Médias (±SE) das concentrações de albumina (g/dl) das coelhas durante o período pósparto em função da estação do ano, do tratamento e da sua interação.

Item	Albumina (g/dl)		
	PP de 15 dias	PP de 30 dias	PP de 45 dias
Estação (S)			
Suave	2.96 ± 0.03	3.06 ±0.10	3.25 ±0.05
Quente	3.02 ± 0.05	3.24 ±0.14	3.06 ±0.06
Valor *P*	0.315	0.159	0.001
Tratamentos (T)			
Controlo	3.03 ±0.05	3,45^A ±0,10	3,38^A ±0,06
Cr	2.92 ±0.08	2,70^B ±0,08	3,21^B ±0,06
Se-E	3.03 ±0.02	3,29^A ±0,18	2,88^C ±0,04
Valor *P*	0.228	0.0001	0.0001
Interação (S*T) Item			
Suave			
Controlo	2,95^{ab} ±0,09	3,32^{ab} ±0,18	3,61^a ±0,08
Cr	3,14^a ±0,03	3,00^b ±0,07	3,06^c ±0,07
Se-E	2,81^b ±0,01	2,85^b ±0,02	3,09^c ±0,02
Quente			
Controlo	3,12^a ±0,01	3,58^a ±0,06	3,16^c ±0,04
Cr	2,93^{ab} ±0,15	2,40^c ±0,10	3,36^b ±0,11
Se-E	3,03^{ab} ±0,02	3,75^a ±0,31	2,67^d ±0,01
Valor *P*	0.009	0.0001	0.0001

Meios com letras diferentes (A, B e C ou a, b, c,...) na mesma coluna
são significativamente diferentes a (P<0,05).

Cr= crómio, Se-E= Selénio +Vitamina-E.

A albumina diferiu significativamente (P<0,01 ou 0,0001) durante o período pós-parto devido às interações entre a estação do ano e o tratamento. Em condições moderadas, a única diminuição significativa devida a Se-E e Cr foi no dia 45 PP em comparação com o controlo, com concentrações médias de 3,09 e 3,06 *vs.* 3,61 g/dl, respetivamente.

Em condições de calor, o tratamento Cr mostrou concentrações de Alb inferiores às do controlo nos dias 15 e 30 PP, com uma diminuição acentuada (2,40 g/dl; P<0,05) no dia 30 PP em comparação com o controlo, tendo depois mostrado um aumento significativo no dia 45th PP. No entanto, o Se-E foi mais baixo no Alb do que no controlo nos dias 15 e 45 PP, com uma diminuição significativa (2,67 g/dl) nos 45th dias PP em comparação com o controlo (3,16 g/dl).

Dentro do tratamento, o Cr diminuiu significativamente o Alb no dia 30 PP da estação quente do que na suave, mas aumentou (P<0,05) o Alb no dia 45. Ao passo que o Se-E mostrou um efeito inverso significativo no Alb durante esses dias de PP, como mostra a Tabela 26.

Os resultados actuais do Se-E concordam parcialmente com os resultados de **Esa (2011)** no período de lactação pós-parto de cabras Baladi. Os autores verificaram que a albumina diminuiu de forma insignificante durante o período inicial da lactação (30 e 60 dias PP) no grupo tratado com Se-E, em comparação com o grupo de controlo. **Jainudeen e Hafez (1989)** referiram que as ovelhas em lactação tinham concentrações de albumina no sangue estatisticamente muito mais elevadas do que as ovelhas prenhes. Sabe-se que as albuminas são uma fonte muito importante de aminoácidos para as necessidades do feto e da mãe. Concentrações semelhantes de albumina no sangue de ovelhas prenhes e em lactação foram encontradas por **Castillo *et al.* (1997).**

<u>**4.2.6. Globulina (Glb):**</u>

As médias das concentrações de globulina (g/dl) das cabras Baladi durante o período do ciclo estral afectadas pela estação do ano, pelo tratamento e pelas suas interações são apresentadas no quadro 27.

A análise de variância dos dados obtidos mostrou que os níveis de globulina (Glb) foram significativamente (P<0,0001) afectados pela estação do ano, pelo tratamento e pelas suas interações durante as diferentes fases do ciclo estral (Quadro 27 e Anexo 9).

A estação quente apresentou concentrações mais elevadas de Glb durante o ciclo estral do que a estação amena. Verifica-se que a Glb na fase de cio não foi significativamente afetada pela estação, com valores médios de 4,27 ± 0,28 e 4,63 ± 0,29 g/dl para as estações amena e quente, respetivamente; além disso, a globulina apresentou a concentração mais baixa nesta fase na estação quente, como se pode ver na Tabela 27.

Pode ser observado na Tabela 27 que as concentrações de Glb aumentaram significativamente no tratamento com Cr no ciclo estral, exceto na fase do estro, em comparação com os grupos de controlo e Se-E. A fase de proestro foi a mais alta em concentração de Glb (7,49 g/dl) devido ao efeito do Cr, enquanto a concentração mais baixa foi (4,33 g/dl) na fase de cio. Por outro lado, o tratamento Se-E diferiu significativamente

Tabela 27: Médias (±SE) da concentração de globulina (g/dl) das coelhas durante o ciclo estral em função da estação do ano, do tratamento e da sua interação.

Item	Globulina (g/dl)			
	Diestro	Proestro	Estrus	Metestro
Estação (S)				
Suave	4.07 ±0.18	4.53 ±0.20	4.27 ±0.28	4.04 ±0.22
Quente	5.54 ±0.27	6.42 ±0.45	4.63 ±0.29	5.27 ±0.34
Valor *P*	0.0001	0.0001	0.225	0.0001
Tratamentos (T)				
Controlo	3,99[c] ±0,21	4,48[B] ±0,17	4.52 ±0.27	3,89[B] ±0,12
Cr	5,43[A] ±0,47	7,49[A] ±0,53	4.33 ±0.48	6,65[A] ±0,32
Se-E	4,98[B] ±0,08	4,46[B] ±0,34	4.51 ±0.26	3,43[C] ±0,20
Valor *P*	0.0001	0.0001	0.843	0.0001
Interação (S*T) Item				
Suave				

Controlo	4,01^c ±0,38	5,07^b ±0,15	5,61^{ab} ±0,10	3,99^c ±0,19
Cr	3,18^d ±0,11	5,24^b ±0,04	2,55^e ±0,09	5,20^b ±0,26
Se-E	5,02^b ±0,15	3,29^c ±0,39	4,65^{bc} ±0,53	2,92^d ±0,04
Quente				
Controlo	3,99^c ±0,20	3,89^c ±0,18	3,44^{de} ±0,29	3,78^c ±0,13
Cr	7,68^a ±0,07	9,75^a ±0,48	6,11^a ±0,62	8,09^a ±0,01
Se-E	4,94^b ±0,04	5,62^b ±0,30	4,36^{cd} ±0,09	3,93^c ±0,08
Valor *P*	0.0001	0.0001	0.0001	0.0001

As médias com letras diferentes (A, B e C ou a, b, c,...) na mesma coluna são significativamente diferentes a (P<0,05).

Cr= Crómio, Se-E= Selénio +Vitamina-E.

do que o controlo na concentração de Glb nas fases de diestro e metestro. A Cr foi mais elevada, cerca de 0,99 g/dl, mas menos cerca de 0,46g/dl do que o controlo nas fases de diestro e metestro, respetivamente.

Conforme afetado pela interação, em condições de estação amena, os tratamentos com Cr e Se-E apresentaram Glb inferior aos outros grupos nas fases de diestro e metestro. A concentração mais baixa de Glb (2,55 g/dl) deveu-se ao tratamento com Cr na fase de cio, em comparação com o controlo (5,61 g/dl) e Se-E (4,65 g/dl). O Se-E apresentou uma concentração de Glb inferior (P<0,05) à do controlo durante o ciclo estral, exceto no diestro, em que foi superior em cerca de 1,01 g/dl à do controlo. A concentração mais baixa foi (2,92 g/dl) na fase de cio devido ao Se-E.

No entanto, em condições de estação quente, verificou-se que as cabras que receberam Cr registaram concentrações de Glb durante as fases do estro mais elevadas (P<0,05) do que os grupos de controlo e Se-E, bem como mais do que o Glb da estação amena. O grupo Se-E apresentou um aumento significativo de Glb no diestro e no metestro em comparação com o grupo de controlo (Quadro 27).

Os dados obtidos mostraram claramente que as concentrações de Glb (g/dl) durante os períodos de gestação foram significativamente (P<0,001 ou 0,0001) afectadas pela estação do ano, pelo tratamento, bem como pela interação entre a estação do ano e o tratamento, como se mostra no Quadro 28 e no Apêndice 9.

Verificou-se que os valores de Glb aumentaram significativamente (P<0,01) na estação quente, mais do que na estação amena, ao longo dos períodos de gravidez.

Tabela 28: Médias (±SE) das concentrações de globulina (g/dl) das coelhas durante o período de gestação afectadas pela estação do ano, pelo tratamento e pela sua interação.

Item	Globulina (g/dl)		
	Cedo	Médio	Tarde
Estação (S)			
Suave	4.54 ±0.2	5.39 ±0.21	5.14 ± 0.14
Quente	6.95 ±0.4	7.40 ±0.5	8.06 ± 0.38
Valor *P*	0.0001	0.0001	0.0001
Tratamentos (T)			
Controlo	4.08C ±0.3	$4,04^{C}$ ±0,2	$5,26^{C}$ ±0,34
Cr	$7,01^{A}$ ±0,4	$6,92^{B}$ ±0,5	$6,97^{B}$ ±0,57
Se-E	6.16B±0.5	$8,22^{A}$ ±0,3	$7,56^{A}$ ±0,29
Valor *P*	0.0001	0.0001	0.0001
Interação (S*T) Item			
Suave			
Controlo	$3,58^{c}$ ±0,3	$4,63^{c}$ ±0,08	$5,01^{cd}$ ±0,07
Cr	$4,54^{bc}$ ±0,2	$4,47^{c}$ ±0,04	$4,21^{d}$ ±0,03
Se-E	$5,12^{b}$ ±0,1	$7,07^{b}$ ±0,14	$6,19^{b}$ ±0,12
Quente			
Controlo	$4,58^{bc}$ ±0,5	$3,45^{d}$ ±0,18	$5,51^{bc}$ ±0,68
Cr	$6,95^{a}$ ±0,1	$9,38^{a}$ ±0,02	$9,74^{a}$ ±0,09
Se-E	$7,20^{a}$ ±0,8	$9,37^{a}$ ±0,03	$8,92^{a}$ ±0,13
Valor *P*	0.002	0.0001	0.0001

As médias com letras diferentes (A, B e C ou a, b, c,...) na mesma coluna são significativamente diferentes a (P<0,05).

Cr= crómio, Se-E= Selénio +Vitamina-E.

A Glb tendeu a aumentar gradualmente desde o início da gravidez até atingir a concentração mais elevada (8,06 g/dl) no final da gravidez na estação quente. A estação amena foi mais baixa em Glb do que a quente, apresentando a menor concentração (4,54 g/dl) no início da gravidez (Tabela 28).

A análise de variância revelou um aumento altamente significativo (P<0,0001) devido aos tratamentos (Se-E ou Cr) nas concentrações de Glb durante a gravidez em comparação com o controlo. As fêmeas tratadas com Se-E apresentaram maior concentração de Glb no meio e no final da gestação do que as tratadas com Cr, mas a tendência foi inversa no início da gestação. A concentração mais elevada de Glb foi (8,22 g/dl) a meio da gravidez devido ao Se-E, seguido do Cr (6,92 g/dl) versus 4,04 g/dl para o controlo (Quadro 28 & Anexo 9).

Conforme afetado pela interação, em condições moderadas, o Cr não apresentou diferenças significativas no Glb em relação ao controlo. No entanto, o Se-E revelou um aumento significativo na Glb mais do que os outros grupos durante o período de gestação, mesmo que este aumento não tenha sido significativo do que o Cr no início da gestação. A concentração mais elevada de Glb (7,07 g/dl) foi registada a meio da gravidez devido à injeção de Se-E.

Pelo contrário, em condições de calor, tanto o Cr como o Se-E aumentaram significativamente as concentrações de Glb mais do que o controlo. O tratamento com Cr mostrou um aumento gradual em Glb de 6,95 g/dl no início da gravidez para a concentração mais alta de 9,74 g/dl no final da gravidez. Não se registaram diferenças significativas nas concentrações de Glb entre Se-E e Cr durante a gravidez. Além disso, dentro de cada tratamento, tanto o Cr como o Se-E apresentaram concentrações de globulina mais elevadas na estação quente do que na estação amena (Quadro 28).

Como se observa no Quadro 29 e no Apêndice 9, a globulina das cabras foi significativamente ($P<0,0001$) afetada pela estação do ano, pelo tratamento e pelas suas interações durante o período pós-parto.

Os animais da estação quente apresentaram concentrações de Glb significativamente mais elevadas ($P<0,0001$) do que os animais da estação amena durante os dias do pós-parto, sendo a concentração mais elevada (7,67 g/dl) no dia 15 PP, como se pode ver na Tabela 29 e no Anexo 9.

O tratamento das fêmeas com Cr ou Se-E aumentou significativamente ($P<0,05$) o Glb nos dias 15th, 30th e 45th PP em comparação com o controlo. As diferenças entre Se-E e Cr não foram significativas, embora o tratamento com Se-E tenha sido mais elevado em Glb do que Cr durante os dias do pós-parto (Tabela 29).

Conforme afetado pela interação, na estação amena, não houve diferenças significativas entre os grupos nas concentrações de Glb no período pós-parto. No entanto, no 15[oth] dia PP Cr foi significativamente ($P<0,05$) mais baixo (5,21 g/dl) do que o grupo Se-E (6,49 g/dl), o último foi o mais elevado nas concentrações de Glb em comparação com os outros grupos durante os dias de estimativa em estação amena (Tabela 29).

Por outro lado, em condições de calor, os tratamentos com Se-E e Cr aumentaram (P<0,05) as concentrações de Glb em comparação com o controlo. As cabras tratadas com Se-E não diferiram significativamente das tratadas com Cr em

Tabela 29: Médias (±SE) da concentração de globulina (g/dl) das coelhas durante o período pós-parto em função da estação do ano, do tratamento e da sua interação.

Item	Globulina (g/dl)		
	PP de 15 dias	PP de 30 dias	PP de 45 dias
Estação (S)			
Suave	5.87 ±0.20	5.24 ±0.10	4.34 ±0.11
Quente	7.67 ±0.37	7.18 ±0.5	7.56 ±0.36
Valor *P*	0.0001	0.0001	0.0001
Tratamentos (T)			
Controlo	$5,60^B$ ±0,30	$4,74^B$ ±0,42	$5,10^B$ ±0,22
Cr	$6,98^A$ ±0,39	$6,83^A$ ±0,36	$6,09^A$ ±0,38
Se-E	$7,73^A$ ±0,41	$7,06^A$ ±0,53	$6,65^A$ ±0,65
Valor *P*	0.0001	0.0001	0.0001
Interação (S*T) Item			
Suave			
Controlo	$5,91^{bc}$ ±0,15	$5,66^b$ ±0,15	$4,64^{cd}$ ±0,07
Cr	$5,21^c$ ±0,17	$5,27^b$ ±0,13	$4,58^d$ ±0,21
Se-E	$6,49^b$ ±0,51	$4,79^{bc}$ ±0,16	$3,79^d$ ±0,21
Quente			
Controlo	$5,29^c$ ±0,58	$3,83^c$ ±0,75	$5,57^c$ ±0,39
Cr	$8,75^a$ ±0,17	$8,40^a$ ±0,25	$7,61^b$ ±0,37
Se-E	$8,96^a$ ±0,41	$9,33^a$ ±0,47	$9,50^a$ ±0,51
Valor *P*	0.0001	0.0001	0.0001

As médias com letras diferentes (A, B e C ou a, b, c,...) na mesma coluna são significativamente diferentes a (P<0,05).

Cr= Crómio, Se-E= Selénio +Vitamina-E.

15th e 30th dias PP. No entanto, aos 45th dias PP o Se-E apresentou uma concentração de globulina significativamente (P<0,05) mais elevada (9,50 g/dl) do que o Cr (7,61 g/dl) e o controlo (5,57 g/dl). Como mostra a Tabela 29, a globulina foi significativamente (P<0,05) mais baixa durante a estação amena do que na estação quente em cada tratamento durante o período pós-parto.

Estudos anteriores encontraram alterações insignificantes nas concentrações de globulina devido à estação do ano **(Mohamed, 2000; Abd- El-Khalek, 2002 e Okoruwa, 2014).** A este respeito, os resultados actuais discordam dos últimos autores, uma vez que os resultados actuais revelaram um aumento da globulina em estações quentes do que amenas durante os períodos de cio, gravidez e pós-parto; este aumento pode dever-se a suplementos de Cr e Se-E. Por outro lado, os resultados actuais não coincidem com os de **Helal _et al._ (2010),** que referiram que a globulina plasmática diminuiu de 4,04 para 3,80 g/dl em cabras Baladi sujeitas a stress térmico de curta duração durante dois dias.

Kamal (1982) relatou que, durante o verão, ocorreu um aumento do volume plasmático, a par de um aumento da proteína total plasmática para igualar a pressão osmótica coloidal. O aumento da globulina plasmática verificado no verão é, portanto, uma pista para aumentar a PT plasmática de modo a manter a pressão osmótica.

Os resultados do crómio estão em harmonia com os resultados de **El-Masry _et al._ (2001)** com vitelos expostos ao stress térmico. Houve um aumento significativo nas concentrações de globulina em animais tratados com Cr mais do que os não tratados. Este aumento pode ser induzido por uma resposta imune melhorada nos bezerros tratados, já que o Cr pode ter um efeito em certas enzimas que aumentam a síntese de imunoglobulina **(Moonsie-Shageer e mowat, 1993).** Além disso, **Soltan _et al._ (2012)** descobriram que a suplementação de bezerros submetidos a stress térmico com 3 mg Cr/cabeça/dia aumentou significativamente (P<0,05) a concentração de globulina no sangue em cerca de 79% quando comparado com o controlo.

Pelo contrário, os resultados actuais relativos à globulina não coincidem com os resultados de **Al-Saiady _et al._ (2004),** que referiram que o tratamento de vacas Holstein sujeitas a stress térmico com crómio quelatado resultou numa diminuição significativa da concentração de globulina durante o período de lactação, em comparação com o grupo de controlo (42,68 _vs._ 46,25 mg/dl).

Por outro lado, os aumentos significativos na globulina de cabras tratadas com SeE estavam em conformidade com os resultados de **Balicka-Ramsisz _et al._ (2006)** e **Mahmoud _et al._ (2013),** que relataram uma melhoria nos metabolitos sanguíneos em ovelhas administradas com selénio. Este resultado pode ser devido à melhoria do anabolismo proteico, diminuição do catabolismo proteico. Além disso, o aumento dos outros metabolitos sanguíneos pode ser atribuído à melhoria da eficiência alimentar através da injeção de vitamina E e Se, que melhoram a saúde geral do animal e/ou o desempenho reprodutivo.

El-Shahat e Abdel Monem (2011) registaram uma elevação acentuada na concentração de globulina (4,6 ±0,29 g/dl) em ovelhas Baladi egípcias suplementadas com Se + vitamina E (dieta basal suplementada com 0,3 mg de selénio + 50 mg de vitamina E por kg de dieta) mais do que outros grupos em condições subtropicais. O selénio + vitamina E em conjunto têm um efeito benéfico importante na imunidade do que a administração de Se isoladamente. A este respeito, uma ação sinérgica entre Se e vitamina E. A suplementação com vitamina E aumentou a reciclagem antioxidante e melhorou o efeito antioxidante sinérgico. **Soliman *et al.* (2012)** obtiveram a mesma tendência de resultados em ovelhas mestiças prenhes. **Hamam e Abou-Zeina (2007)** com ovelhas Baladi relataram que o grupo suplementado com vitamina E/Se tinha globulinas totais significativamente mais altas (p<0,05) do que o grupo de controlo, as principais alterações nas frações de globulinas totais foram nas γ-globulinas. As concentrações de γ-globulinas foram significativamente mais elevadas (p<0,05) no grupo suplementado com vitamina E/Se em comparação com as do grupo de controlo. Os autores atribuíram este comportamento ao facto de os animais terem sido expostos a vários agentes antigénicos, resultando num aumento da produção de Igs. **4.2.7. Relação A/G:**

O quadro 30 mostra as médias (±SE) do rácio A/G das cabras durante o período do ciclo estral em função da estação do ano, do tratamento e da sua interação.

Os resultados obtidos mostraram que a relação A/G foi mais baixa na estação quente do que na estação amena durante o ciclo estral. Tanto as fases de diestro como de metestro apresentaram diferenças significativas (P<0,05 ou 0,0001) na relação A/G em função da estação do ano, a diferença foi de cerca de 0,27% e 0,16% de diminuição da relação A/G na estação quente em relação à estação amena, respetivamente. No entanto, a diminuição da relação nas fases de proestro e estro não foi significativa (Tabela 30 e Apêndice 10).

A análise de variância dos dados revelou um efeito altamente significativo (P<0,001 ou 0,0001) dos tratamentos (Cr ou Se-E) na relação A/G durante o ciclo estral. A relação significativamente baixa devido ao Cr foi de cerca de 0,43 e 0,5% nas fases de proestro e metestro, respetivamente, em comparação com outros grupos. Por outro lado, verificou-se que o tratamento Se-E apresentou uma relação A/G significativa (P<0,05) (0,59%) inferior à do controlo (0,87%) e à do Cr (0,74%) na fase de diestro. Além disso, o tratamento Se-E registou a relação A/G mais elevada (1,08%) no estro, mais do que os grupos de controlo e Cr, bem como durante o ciclo estral (Quadro 30 e Anexo 10).

Conforme afetado pelo efeito de interação significativo, em estação amena, o grupo Cr apresentou uma relação A/G mais elevada na fase de diestro e estro (1,13 e 1,31%, P<0,05) do que os outros grupos, sendo que a relação (1,31%) foi a maior entre as fases do estro em estações amenas e quentes. O grupo Se-E apresentou uma relação A/G significativamente superior à do controlo durante o ciclo estral, exceto na fase de proestro, que foi cerca de 0,34% (P<0,05) inferior à do controlo. O rácio A/G mais elevado devido ao Se-E foi de cerca de 1,28% na fase de estro.

Tabela 30: Médias (±SE) do rácio A/G das coelhas durante o ciclo estral afectadas pela estação do ano, tratamento e sua interação.

Item	Rácio A/G			
	Diestro	Proestro	Estrus	Metestro
Estação (S)				
Suave	0.87 ±0.07	0.72 ±0.06	0.87 ±0.06	0.89 ±0.08
Quente	0.60 ±0.04	0.65 ±0.05	0.81 ±0.05	0.73 ±0.04
Valor *P*	0.0001	0.128	0.302	0.025
Tratamentos (T)				
Controlo	0.87A ±0.08	$0,79^{A}$ ±0,06	$0,79^{B}$ ±0,07	$0,87^{B}$ ±0,04
Cr	0.74A ±0.09	$0,43^{B}$ ±0,02	$0,97^{A}$ ±0,08	$0,50^{C}$ ±0,02
Se-E	0.59B ±0.01	$0,84^{A}$ ±0,08	$0,76^{B}$ ±0,04	$1,08^{A}$ ±0,10
Valor *P*	0.001	0.0001	0.004	0.0001
Interação (S*T) Item				
Suave				
Controlo	$0,91^{b}$ ±0,15	$0,56^{b}$ ±0,04	$0,53^{d}$ ±0,03	$0,83^{bc}$ ±0,07
Cr	$1,13^{a}$ ±0,08	$0,51^{bc}$ ±0,02	$1,31^{a}$ ±0,06	$0,59^{cd}$ ±0,03
Se-E	$0,57^{c}$ ±0,01	$1,12^{a}$ ±0,12	$0,77^{c}$ ±0,06	$1,28^{a}$ ±0,18
Quente				
Controlo	$0,83^{b}$ ±0,05	$1,03^{a}$ ±0,05	$1,05^{b}$ ±0,09	$0,91^{b}$ ±0,05
Cr	$0,36^{d}$ ±0,04	$0,35^{c}$ ±0,03	$0,64^{cd}$ ±0,07	$0,42^{d}$ ±0,01
Se-E	$0,61^{c}$ ±0,02	$0,57^{b}$ ±0,03	$0,75^{c}$ ±0,05	$0,88^{b}$ ±0,03

| **Valor _P_** | 0.0001 | 0.0001 | 0.0001 | 0.026 |

As médias com letras diferentes (A, B e C ou a, b, c,...) na mesma coluna são significativamente diferentes a (P<0,05).

Cr= crómio, Se-E= Selénio +Vitamina-E.

Pelo contrário, na estação quente, tanto os grupos tratados com Cr como com Se-E apresentaram uma relação A/G significativamente mais baixa do que o controlo durante o ciclo estral, exceto no estro do Se-E, que não foi significativo. O rácio A/G mais baixo em ambas as estações foi (0,35 %) no proestro da estação quente. O tratamento Se-E apresentou uma relação A/G mais elevada do que o Cr durante o ciclo estral; mesmo o aumento não foi significativo na fase do estro. Foi encontrada uma diferença significativa no rácio A/G entre as estações quente e suave no grupo Cr no diestro e na fase do cio, a estação quente foi inferior à suave em 0,78 e 0,67%, respetivamente. Obteve-se uma tendência semelhante no grupo Se-E no proestro e no metestro, com uma diferença de cerca de 0,55 e 0,40 %, respetivamente (Quadro 30).

O rácio A/G diferiu significativamente (P<0,01 ou 0,0001) durante o período inicial, intermédio e final da gravidez devido à estação do ano, ao tratamento e aos seus efeitos de interação, conforme apresentado no Quadro 31 e no Apêndice 10.

Tal como no ciclo estral, a estação quente apresentou um rácio A/G mais baixo do que a estação calma no início, a meio e no final da gravidez. O rácio A/G tendeu a diminuir durante a gravidez, atingindo os rácios mais baixos (0,55 e 0,46 %) no final da gravidez para as estações amenas e quentes, respetivamente (Quadro 31).

A aplicação do tratamento com Cr ou Se-E mostrou uma diminuição significativa (P<0,05) da relação A/G no período de gestação em comparação com o controlo. Os decréscimos visíveis foram de cerca de 0,39 e 0,35 % a meio e no final da gravidez devido à injeção de Se-E (Quadro 31 e Apêndice 10).

Table 31: **Médias (±SE) do rácio A/G das coelhas durante o período de gestação em função da estação do ano, do tratamento e da sua interação.**

Item	Rácio A/G		
	Cedo	Médio	Tarde
Estação (S)			
Suave	0.81 ±0.05	0.60 ±0.02	0.55 ± 0.03
Quente	0.56 ±0.04	0.52 ±0.06	0.46 ± 0.04
Valor *P*	0.0001	0.007	0.004
Tratamentos (T)			
Controlo	0.98A ±0.07	0,79^A ±0,04	0,64^A ±0,05
Cr	0.51B ±0.03	0,50^B ±0,03	0,53^B ±0,05
Se-E	0.56B ±0.04	0,39^C ±0,02	0,35^C ±0,004
Valor *P*	0.0001	0.0001	0.0001
Interação (S*T) Item			
Suave			
Controlo	1,16^a ±0,1	0,67^b ±0,01	0,57^b ±0,002
Cr	0,66^c ±0,02	0,69^b ±0,02	0,70^a ±0,003
Se-E	0,61^c ±0,02	0,45^c ±0,01	0,36^c ±0,01
Quente			
Controlo	0,81^b ±0,10	0,91^a ±0,08	0,72^a ±0,09
Cr	0,36^d ±0,10	0,31^d ±0,003	0,31^c ±0,10
Se-E	0,51^c ±0,07	0,33^d ±0,03	0,36^c ±0,002
Valor *P*	0.0141	0.0001	0.0001

As médias com letras diferentes (A, B e C ou a, b, c,...) na mesma coluna são significativamente diferentes a (P<0,05).

Cr= crómio, Se-E= Selénio +Vitamina-E.

Em condições médias, o Cr e o Se-E foram significativamente inferiores na relação A/G do que o controlo durante a gravidez. O rácio mais baixo foi de cerca de 0,36% no final da gravidez devido ao tratamento com Se-E. No entanto, o grupo Cr diferiu (P<0,05) do controlo durante o início e o final da gravidez, sendo o último valor mais elevado (0,7%) do que o controlo (0,57%).

Por outro lado, em condições de estação quente, o Cr mostrou um decréscimo acentuado na relação A/G durante os períodos inicial, médio e final da gravidez, em comparação com o controlo, sendo a relação mais baixa (0,31%) a meio e no final da gravidez. Dentro de cada tratamento, o rácio A/G do Cr foi significativamente mais baixo na estação quente do que na estação amena, enquanto o Se-E não mostrou significância entre as duas estações (Quadro 31).

A análise de variância dos dados obtidos mostrou diferenças significativas (P<0,05 ou 0,0001) na relação A/G em função da estação do ano durante os 15th e 45th dias de PP. Na estação amena, o rácio A/G tendeu a aumentar nos dias pós-parto, atingindo o rácio mais elevado (0,77 %) no 45th dia PP. No entanto, na estação quente, o rácio A/G mais elevado foi (0,81%) no dia 30th PP, como se mostra na Tabela 32 e no Anexo 10.

Os suplementos de crómio e de Se-E revelaram uma diminuição significativa (P<0,05) da relação A/G durante o período pós-parto, em comparação com o controlo. O rácio mais baixo foi (0,41%) no 15[oth] dia PP devido ao tratamento com Se-E. Não houve diferença significativa na relação A/G entre Cr e Se-E em comparação entre si (Tabela 32).

Table 32: **Médias (±SE) do rácio A/G das coelhas durante o período pós-parto em função da estação do ano, do tratamento e da sua interação.**

Item	Rácio A/G		
	PP de 15 dias	PP de 30 dias	PP de 45 dias
Estação (S)			
Suave	0.53 ±0.02	0.59 ±0.10	0.77 ±0.02
Quente	0.45 ±0.04	0.81 ±0.15	0.45 ±0.03
Valor *P*	0.019	0.071	0.0001
Tratamentos (T)			
Controlo	0.59A ±0.04	1,14[A] ±0,21	0,80[A] ±0,03
Cr	0.47B ±0.03	0,44[B] ±0,03	0,58[B] ±0,02
Se-E	0.41B ±0.02	0,52[B] ±0,03	0,57[B] ±0,06
Valor *P*	0.0001	0.0001	0.002
Interação (S*T) Item			
Suave			
Controlo	0,51[b] ±0,03	0,59[b] ±0,02	0,79[ab] ±0,03
Cr	0,53[b] ±0,02	0,58[b] ±0,03	0,69[bc] ±0,05
Se-E	0,47[b] ±0,03	0,60[b] ±0,02	0,84[a] ±0,04
Quente			
Controlo	0,68[a] ±0,02	1,69[a] ±0,35	0,61[c] ±0,05
Cr	0,45[bc] ±0,03	0,29[b] ±0,02	0,46[d] ±0,04
Se-E	0,35[c] +0,01	0,44[b] +0,06	0,29[e] +0,02
Valor *P*	0.0001	0.0001	0.0001

As médias com letras diferentes (A, B e C ou a, b, c,...) na mesma coluna são significativamente diferentes a (P<0,05).

Cr= Crómio, Se-E= Selénio +Vitamina-E.

Em cada estação e em condições amenas, a relação A/G não foi significativamente afetada pelos tratamentos Cr ou Se-E em comparação com o controlo durante os dias do pós-parto. No dia 45, o Se-E foi superior (P<0,05) ao grupo Cr, com rácios de 0,84 e 0,69 %, respetivamente.

No entanto, em condições de calor, os tratamentos Cr ou Se-E foram significativamente (P<0,05) inferiores ao controlo. Verificou-se que o Cr apresentou a relação A/G mais baixa (0,29%) no 30th dia PP e no 45th dia PP devido à injeção de Se-E. A relação A/G não diferiu significativamente no tratamento com Cr entre as estações quente e amena nos dias do pós-parto. No entanto, o Se-E reduziu (P<0,05) a razão A/G na estação quente mais do que na estação fria nos dias 15 e 45 PP (Tabela 32).

Os resultados actuais indicam que as cabras têm um rácio A/G mais baixo na estação quente do que na estação fria durante o cio, a gravidez e o pós-parto. Este decréscimo pode ser atribuído à suplementação com Cr e/ou Se-E, tal como se verificou anteriormente nos resultados dos tratamentos. Estes resultados não coincidem com os de **Mohamed (2000)** e **Abd-El-khalek (2002),** que verificaram que a relação A/G das cabras era mais elevada no verão do que no inverno e atribuíram os seus resultados ao facto de a albumina ser mais elevada e a globulina mais baixa no verão do que no inverno.

No que diz respeito à diminuição significativa da relação A/G observada em cabras suplementadas com Cr, estes resultados concordam com os de **Al-Saiady _et al._ (2004).** Os autores referiram que o tratamento de vacas Holstein sujeitas a stress térmico com crómio quelatado resultou numa diminuição da relação A/G durante o período de lactação.

Os resultados actuais do tratamento com Se-E estão de acordo com os de **Hamam e Abou-Zeina (2007)** com ovelhas Baladi, que relataram que a relação A/G diminuiu significativamente durante as semanas 4 e 14 de tratamento no grupo suplementado com Se + vitamina E (como Viteselen 15) em comparação com o grupo que recebeu apenas Se.

4.2.8. Colesterol total (CT):

Ficou claramente demonstrado que a concentração sérica de colesterol total (CT) foi significativamente (P<0,05 ou 0,0001) afetada pela estação do ano, pelo tratamento e pelas suas interações durante o ciclo estral. O colesterol sérico diferiu significativamente em função da estação do ano nas fases de diestro, estro e metestro. A concentração mais elevada registada (3,82 mg/dl) foi no estro durante a estação quente; por outro lado, a concentração mais baixa de CT foi de cerca de 2,38 mg/dl durante o diestro na mesma estação. O colesterol total tendeu a diminuir na altura do estro na estação suave, tendo-se registado uma tendência contrária na estação quente, como se pode ver na Tabela 33 e no Anexo 11.

As cabras tratadas com Cr apresentaram uma diminuição significativa da CT no ciclo estral, exceto na fase do cio, em comparação com o controlo. A concentração mais baixa de CT de 2,35 mg/dl foi encontrada devido ao Cr na fase do cio. O tratamento com Se-E apresentou a mesma tendência de diminuição no ciclo estral, mas no metestro o Se-E aumentou (P<0,05) a CT

Tabela 33: Médias (±SE) das concentrações séricas de colesterol total (mg/dl) das coelhas durante o ciclo estral afectadas pela estação do ano, pelo tratamento e pela sua interação.

Artigo	Colesterol total (mg/dl)			
	Diestro	Proestro	Estrus	Metestro
Estação (S)				
Suave	3.50 ±0.15	3.05 ±0.08	2.40 ±0.05	2.69 ±0.11
Quente	2.38 ±0.16	2.85 ±0.13	3.10 ±0.15	3.82 ±0.16
Valor *P*	0.0001	0.099	0.0001	0.0001
Tratamentos (T)				
Controlo	3.37A ±0.22	$3,19^A$ ±0,16	$3,24^A$ ±0,21	$2,89^B$ ±0,19
Cr	2.79B ±0.23	$2,84^B$ ±0,14	$2,35^B$ ±0,07	$2,99^B$ ±0,14
Se-E	2.66B ±0.21	$2,82^B$ ±0,08	$2,66^B$ ±0,05	$3,88^A$ ±0,21
Valor *P*	0.012	0.018	0.0001	0.0001
Interação (S*T) Item				
Suave				
Controlo	$3,42^a$ ±0,34	$2,73^c$ ±0,14	$2,41^{bc}$ ±0,07	$2,20^d$ ±0,12
Cr	$3,66^a$ ±0,22	$3,39^{ab}$ ±0,15	$2,20^c$ ±0,02	$2,98^c$ ±0,25
Se-E	$3,43^a$ ±0,26	$3,02^{bc}$ ±0,06	$2,61^b$ ±0,10	$2,88^c$ ±0,01
Quente				
Controlo	$3,31^a$ ±0,29	$3,65^a$ ±0,23	$4,08^a$ ±0,23	$3,58^b$ ±0,22
Cr	$1,93^b$ ±0,18	$2,29^d$ ±0,08	$2,51^{bc}$ ±0,14	$3,01^c$ ±0,09
Se-E	$1,89^b$ ±0,05	$2,62^{cd}$ ±0,11	$2,72^b$ ±0,01	$4,88^a$ ±0,05
Valor *P*	0.002	0.0001	0.0001	0.0001

As médias com letras diferentes (A, B e C ou a, b, c,...) na mesma coluna são significativamente diferentes a (P<0,05).

Cr= Crómio, Se-E= Selénio +Vitamina-E.

(3,88 mg/dl) em comparação com o controlo (2,89 mg/dl). A concentração mais baixa de colesterol devido ao Se-E foi de cerca de 2,66 mg/dl nas fases de cio e diestro (Tabela 33 & Anexo 11).

Como afetado pela interação, na estação amena, as cabras tratadas com Cr apresentaram um CT superior ao do controlo nas fases de diestro, proestro e metestro, embora o aumento da fase de diestro não tenha sido significativo. Por outro lado, o Se-E foi mais elevado (P>0,05) no CT do que no controlo durante o ciclo estral, exceto na fase de metestro, em que foi significativamente mais elevado do que no controlo, com concentrações de cerca de 2,88 e 2,20 mg/dl, respetivamente.

Por outro lado, o tratamento de cabras com Cr durante a estação quente mostrou uma diminuição significativa (P<0,05) nas concentrações de CT durante o ciclo estral em comparação com o controlo, sendo a diminuição mais acentuada (1,93 mg/dl) durante a fase de diestro. Foram obtidos efeitos semelhantes com o Se-E, exceto no estro, que apresentou a concentração de CT mais elevada (P<0,05) (4,88 mg/dl) em comparação com o controlo e o Cr (3,58 e 3,01 mg/dl, respetivamente). O Se-E apresentou a menor CT de 1,89 mg/dl na fase de cio na estação quente em comparação com os outros grupos (Tabela 33).

Dentro de cada grupo, a suplementação com Cr diminuiu (P<0,05) a CT na estação quente mais do que a suave durante as fases de diestro e proestro. No entanto, a suplementação com Se-E diminuiu (P<0,05) a CT no diestro da estação quente mais do que a suave e mostrou um efeito reverso no metestro na mesma estação, como mostra a Tabela 33.

Os dados do Quadro 34 mostram as concentrações de colesterol total (mg/dl) das cabras durante o período de gestação, em função da estação do ano, do tratamento e da sua interação.

Conforme registado na Tabela 34 e no Apêndice 11, houve diferenças significativas (P<0,05 ou 0,0001) no CT entre a estação amena e a estação quente nos períodos de gravidez inicial e final. A CT aumentou gradualmente durante a estação quente desde o início da gravidez (2,52 mg/dl) até atingir a concentração mais elevada (3,25 mg/dl) no final da gravidez. Durante a estação amena, o CT tendeu a diminuir na altura da gravidez.

É evidente que a aplicação dos tratamentos com Cr ou Se-E mostrou uma diminuição significativa (P<0,01) na CT durante as diferentes fases da gravidez em comparação com o controlo, exceto o aumento insignificante da CT no início da gravidez devido ao tratamento com Cr. Pode notar-se que o Se-E aumentou gradualmente a CT desde o início da gravidez até atingir a sua concentração mais elevada (2,88 mg/dl) no final da gravidez (Quadro 34 e Anexo 11).

Conforme afetado pela interação, em condições moderadas, o Cr aumentou significativamente (P<0,05) o colesterol total, especialmente no início e a meio da gravidez, enquanto no final da gravidez o aumento não foi significativo em comparação com o controlo. Além disso, o colesterol sérico diminuiu com o passar dos trimestres de gravidez. A injeção de Se-E nas mesmas condições não mostrou um efeito significativo no colesterol sérico durante os períodos de gravidez.

Tabela 34: Médias (±SE) das concentrações séricas de colesterol total (mg/dl) das coelhas durante o período de gestação afectadas pela estação do ano, pelo tratamento e pela sua interação.

Item	Colesterol total (mg/dl)		
	Cedo	Médio	Tarde
Estação (S)			
Suave	3.12 ±0.09	3.01 ±0.04	3.02 ± 0.06
Quente	2.52 ±0.06	3.01 ±0.09	3.25 ± 0.15
Valor *P*	0.0001	0.963	0.031
Tratamentos (T)			
Controlo	2,91^A ±0,06	3,27^A ±0,10	3,65^A ±0,17
Cr	2.98A ±0.13	3,06^B ±0,05	2,86^B ±0,07
Se-E	2.57B ±0.11	2,71^C ±0,04	2,88^B ±0,12
Valor *P*	0.0001	0.0001	0.0001
Interação (S*T) Item			
Suave			
Controlo	2,89^b ±0,08	2,94^c ±0,05	2,92^{bc} ±0,13
Cr	3,55^a ±0,12	3,24^b ±0,03	3,07^b ±0,07
Se-E	2,94^b ±0,16	2,87^c ±0,03	3,06^b ±0,12
Quente			
Controlo	2,93^b ±0,09	3,61^a ±0,15	4,39^a ±0,10
Cr	2,41^c ±0,03	2,88^c ±0,07	2,65^c ±0,09
Se-E	2,21^c ±0,07	2,55^d ±0,02	2,69^{bc} ±0,21
Valor *P*	0.0001	0.0001	0.0001

Ao inspecionar os dados obtidos na estação quente, é evidente que as coelhas tratadas com Cr ou Se-E apresentaram uma concentração de CT significativamente inferior (P<0,05) à do controlo durante a gestação (Quadro 34). O grupo Se-E registou a concentração mais baixa de CT (2,21 mg/dl) no início da gestação, contra 2,41 e 2,93 mg/dl para o Cr e o controlo, respetivamente.

As cabras grávidas que receberam Cr apresentaram concentrações de CT mais baixas (P<0,05) na estação quente do que na estação amena durante o período de gestação. No entanto, o Se-E diminuiu (P<0,05) a CT no início e no final dos trimestres de gestação na estação quente menos do que na estação amena, como se pode ver no Quadro 34.

Os valores médios do colesterol total (mg/dl) das cabras durante o período pósparto, em função da estação do ano, do tratamento e das suas interações, são apresentados no Quadro 35 e no Apêndice 11.

O colesterol total no soro diferiu (P<0,05 ou 0,0001) devido à estação do ano nos dias de PP. A concentração mais elevada de CT foi de cerca de 3,04 mg/dl no dia-45 PP na estação amena. A concentração mais baixa de CT (2,6 mg/dl) foi registada no dia 30th PP na mesma estação. O colesterol total durante a estação quente teve uma tendência inversa à da estação ligeira; tendeu a aumentar até ao 30th dia PP e depois diminuiu no 45th dia PP (Tabela 35 & Anexo 11).

O tratamento com Cr mostrou uma diminuição significativa (P<0,05) das concentrações de CT em 15th e 45th dias PP em comparação com o controlo. A concentração mais baixa de CT foi (2,22 mg/dl) no 45th dia PP em comparação com o controlo (3,1 mg/dl). No entanto, a injeção de Se-E

Tabela 35: Médias (±SE) das concentrações séricas de colesterol total (mg/dl) das coelhas durante o período pós-parto afectadas pela estação do ano, tratamento e sua interação.

Item	Colesterol total (mg/dl)		
	PP de 15 dias	PP de 30 dias	PP de 45 dias
Estação (S)			
Suave	2.84 ± 0.05	2.60 ± 0.07	3.04 ±0.10
Quente	2.63 ± 0.10	2.92 ± 0.10	2.49 ±0.12
Valor *P*	0.002	0.0001	0.0001
Tratamentos (T)			
Controlo	2.82A ±0.07	$2,98^A \pm 0,13$	$3,10^A$ ±0,08
Cr	2.52_B±0.10	$2,97^A \pm 0,06$	$2,22^B$ ±0,14
Se-E	$2,88^A$ ±0,08	$2,33^B \pm 0,05$	$2,98^A$ ±0,14
Valor *P*	0.0001	0.0001	0.0001
Interação (S*T) Item			
Suave			
Controlo	$2,53^b$ ±0,03	$2,38^c$ ±0,08	$2,71^b$ ±0,01
Cr	$2,94^a$ ±0,06	$3,07^b$ ±0,11	$2,76^b$ ±0,15
Se-E	$3,06^a$ ±0,03	$2,36^c$ ±0,02	$3,66^a$ ±0,04
Quente			
Controlo	$3,11^a$ ±0,04	$3,59^a$ ±0,28	$3,48^a$ ±0,01
Cr	$2,10^c$ ±0,08	$2,87^b$ ±0,03	$1,69^d$ ±0,08
Se-E	$2,69^b$ ±0,16	$2,31^c$ ±0,10	$2,31^c$ ±0,01
Valor *P*	0.0001	0.0001	0.0001

As médias com letras diferentes (A, B e C ou a, b, c,...) na mesma coluna são significativamente diferentes a (P<0,05).

Cr= crómio, Se-E= Selénio +Vitamina-E.

diminuiu significativamente (P<0,05) o colesterol sérico menos do que o controlo no dia 30 PP com concentrações de 2,33 e 2,98 mg/dl, respetivamente (Quadro 35).

Conforme afetado pela interação, na estação amena, os tratamentos Cr e Se-E apresentaram um aumento significativo no CT durante o período PP em comparação com o controlo. O Cr e o Se-E foram superiores ao controlo no 15[oth] dia PP, mas no 30[oth] dia apenas o Cr aumentou (P<0,05) no CT do que o controlo, com concentrações médias de 3,07 e 2,38 mg/dl, respetivamente. No 45th dia PP, o CT aumentou (P<0,05) devido ao tratamento com Se-E (3,66 mg/dl) em relação ao controlo (2,71 mg/dl).

Por outro lado, na estação quente, o CT das cabras dos grupos tratados foi significativamente mais baixo do que o do grupo de controlo durante o período pós-parto. No dia 45 do PP, registou-se uma diminuição acentuada da CT de 1,69 mg/dl devido ao tratamento com Cr, contra 3,48 mg/dl no controlo. Por outro lado, a diminuição da CT devido ao Se-E foi de 2,31 mg/dl nos dias 30th e 45th pósparto. É notório que a diminuição da CT foi maior no grupo Cr do que no grupo Se-E durante a estação quente, especialmente nos dias 15 e 45 PP. No grupo Cr, as cabras apresentaram uma diminuição da CT aos 15th e aos 45th dias PP na estação quente do que na estação amena. O mesmo efeito foi obtido com o tratamento Se-E (Quadro 35).

No que diz respeito aos resultados do tratamento com crómio, que revelaram uma diminuição significativa do colesterol total no soro durante o cio, a gravidez e o pós-parto, que se manifestou claramente durante a estação quente, estão de acordo com os resultados de **Wang *et al.* (2009),** que sugeriram que a suplementação com diferentes formas de Cr (nano-composto de crómio (CrNano), picolinato de Cr ou $CrCl_3$) diminuiu significativamente o colesterol total em suínos. Além disso, **El-Masry *et al.* (2001)** verificaram que o colesterol sérico diminuiu significativamente ($P<0,05$) em vitelos que receberam 0,6 mg Cr/kg de MS em condições de stress térmico, quando comparados com vitelos não tratados com Cr.

Os resultados do presente estudo, que registaram um aumento do colesterol total no soro durante a gestação, o pós-parto e a maior parte das fases do ciclo estral, discordam dos resultados anteriores de **Page *et al.* (1993) e Bunting *et al.* (1994),** que mostraram que a suplementação com Cr diminuiu o colesterol total em condições ambientais moderadas. Por outro lado, a variação nos níveis de colesterol pode ser acompanhada por alterações na concentração de cortisol, uma vez que a alteração na concentração de colesterol é controlada pela hormona adrenocorticotrópica, que tem um efeito em alguns passos relacionados com a conversão do colesterol em pregnanolona e subsequentemente em cortisol **(Harper *et al.*, 1979).**

Por outro lado, os presentes resultados de Cr discordaram dos achados de **Khalili *et al.* (2011),** que mostraram não haver efeito na concentração sérica de colesterol devido à suplementação de Cr em vacas Holstein leiteiras prenhes e pós-parto. Os autores atribuíram este resultado à incapacidade do crómio na concentração de insulina na sua experiência. Os estudos anteriores de **Besong *et al.* (1996), Kegley *et al.* (1997) e Depew *et al.* (1998)** revelaram que a suplementação com Cr não tem efeito sobre a concentração sérica de colesterol total e triglicerídeos.

Por outro lado, a diminuição do colesterol total no soro devido ao tratamento com Se-E, especialmente em condições de estação quente durante os períodos de cio, gravidez e pós-parto, está em harmonia com os resultados de **Brzoska e Brzoska (2004)** com vacas. As vacas receberam selénio a uma taxa de 0, 2,4, 4,8 e 9,6 mg/d sob a forma de selenito de sódio, o que mostrou uma diminuição significativa do teor de colesterol no plasma sanguíneo das vacas, com uma diminuição simultânea das fracções HDL e LDL.

Além disso, **Rasooli *et al.* (2004); Gudev *et al.* (2007); Ocak e Guey (2010); Cincovic *et al.* (2011) e Pandey *et al.* (2012)** encontraram um declínio significativo no colesterol durante o verão em novilhas Holstein, búfalos búlgaros, cabras, bezerros de búfalos egípcios e cabras Marwari, respetivamente. A diminuição da concentração de colesterol durante o stress térmico foi atribuída à diminuição da atividade da tiroide **(Pandey *et al.*, 2012),** à diminuição da ingestão de alimentos durante o verão quente e à consequente redução da ingestão de colesterol alimentar **(Gudev *et al.*, 2007).** Além disso, a diminuição da concentração de colesterol pode dever-se à diluição resultante do aumento da água corporal total ou à diminuição da concentração de acetato, que é o principal precursor da síntese de colesterol. O aumento acentuado da concentração de hormonas glucocorticóides (em animais sujeitos a stress térmico) pode ser outro fator que causa a diminuição dos níveis de colesterol no sangue **(Marai *et al.*, 2008).**

Os resultados atuais de Se-E discordam dos de **Kalmath *et al.* (2015),** que estudaram o efeito de diferentes estações do ano e da suplementação de vitamina E e selénio durante diferentes estações do ano no perfil lipídico sérico em gado

Hallikar. Os resultados revelaram um aumento significativo do colesterol total sérico durante o verão em comparação com o inverno, tanto no grupo de controlo como no grupo suplementado. Os autores afirmam que as concentrações mais elevadas de colesterol durante o verão podem contribuir para o aumento da síntese de cortisol que ocorre durante o stress estival, uma vez que o colesterol actua como precursor da síntese de hormonas esteróides no organismo. Além disso, os resultados obtidos discordam dos de **Kumar *et al.* (2012)** em cabras Beetal, **Sejian *et al.* (2013)** em ovelhas Malpura e **Das *et al.* (2013)** em búfalos. Este aumento do colesterol circulante poderia também apoiar a gluconeogénese hepática durante os mecanismos adaptativos **(Sejian *et al.*, 2013)**.

4.2.9. Ureia sérica:

Como se mostra na Tabela 36 e no Apêndice 12, as concentrações de ureia sérica (mg/dl) foram significativamente (P<0,0001) afectadas pela estação do ano, pelo tratamento e pelas suas interações durante as fases do ciclo estral.

Ficou claramente demonstrado que as concentrações de ureia foram significativamente (P<0,0001) mais elevadas durante o ciclo de estro na estação temperada do que na estação quente. A ureia sérica aumentou gradualmente na estação amena a partir da fase do diestro até atingir a concentração mais elevada (77,59 mg/dl) na fase do estro e depois diminuiu para a concentração mais baixa (55,83 mg/dl) no metestro. As fêmeas apresentaram uma tendência flutuante da ureia durante o ciclo estral na estação quente, registando a concentração mais baixa (41,4 mg/dl) e a mais alta (63,89 mg/dl) nas fases de proestro e estro, respetivamente (Quadro 36 e Anexo 12).

Os dados da Tabela 36 mostram que as cabras tratadas com Cr revelaram uma diminuição significativa da ureia sérica nas fases do diestro e do proestro, tendo a última apresentado uma diminuição acentuada da ureia (30,69 mg/dl) em comparação com o controlo; no entanto, a ureia no metestro foi superior à do controlo. O grupo Se-E apresentou uma diminuição significativa (P<0,05) da ureia durante o ciclo estral, exceto no proestro, em comparação com o controlo.

A concentração mais baixa de ureia devido à injeção de Se-E foi de cerca de 35,73 mg/dl no metestro.

Na estação amena, a ureia diminuiu significativamente (P<0,05) nas fases de diestro, proestro e estro devido ao tratamento com Cr, em comparação com o controlo, tendo um efeito contrário no metestro. O Cr registou a concentração de ureia mais baixa de 31,28 mg/dl na fase de proestro. Por outro lado, o Se-E mostrou um efeito flutuante na ureia sérica durante o ciclo estral, em comparação com o controlo. O Se-E registou significativamente

Tabela 36: Médias (±SE) das concentrações séricas de ureia (mg/dl) das coelhas durante o ciclo estral afectadas pela estação do ano, pelo tratamento e pela sua interação.

Item	Ureia (mg/dl)			
	Diestro	Proestro	Estrus	Metestro
Estação (S)				
Suave	60.59 ±2.4	73.19 ±5.5	77.59 ±3.2	55.83 ±3.7
Quente	50.24 ±2.1	41.40 ±2.6	63.89 ±3.4	46.08 ±2.1
Valor *P*	0.0001	0.0001	0.0001	0.0001
Tratamentos (T)				
Controlo	66,08^A ±3,0	71,11^A ±2,9	78,05^A ±5,6	43,65^B ±0,61
Cr	59,27^B ±1,2	30,69^B ±0,37	77,31^A ±2,5	73,48^A ±3,10
Se-E	40,89^c ±1,5	70,11^A ±7,8	56,86^B ±2,4	35,73^C ±0,89
Valor *P*	0.0001	0.0001	0.0001	0.0001
Interação (S*T) Item				
Suave				
Controlo	77,72^a ±2,9	81,53^b ±3,6	102,99^a ±1,5	41,31^d ±0,65
Cr	57,34^{bc} ±1,6	31,28^d ±0,73	67,17^c ±1,0	86,51^a ±1,90
Se-E	46,74^d ±0,65	106,79^a ±1,2	62,64^c ±2,7	39,68^d ±0,33
Quente				
Controlo	54,44^c ±0,20	60,68^c ±1,7	53,11^d ±4,2	45,99^c ±0,35
Cr	61,21^b ±1,70	30,11^d ±0,05	87,46^b +2,7	60,46^b ±2,40
Se-E	35,05^e ±1,8	33,42^d ±3,2	51,09^d ±3,4	31,79^e ±0,63
Valor *P*	0.0001	0.0001	0.0001	0.0001

As médias com letras diferentes (A, B e C ou a, b, c,...) na mesma coluna são significativamente diferentes a (P<0,05).

Cr= crómio, Se E= Selénio +Vitamina-E.

diminuiu a ureia nos dias das fases de diestro e estro, enquanto registou a maior concentração (106,79 mg/dl) no proestro.

Conforme afetado pela interação, na estação quente, o Cr apresentou um aumento significativo (P<0,05) na ureia durante o ciclo estral em comparação com o controlo, exceto no proestro, em que a ureia se encontrava na concentração mais baixa (30,11 mg/dl) durante o ciclo estral. A concentração mais elevada de ureia devido ao efeito do Cr foi (87,46 mg/dl) na fase do cio. O grupo Se-E apresentou uma concentração de ureia significativamente (P<0,05) mais baixa do que o grupo de controlo durante o ciclo estral, embora a diferença não tenha sido significativa na fase de cio, que apresentou a concentração mais elevada (51,09 mg/dl) devido ao Se-E, enquanto a concentração mais baixa foi (31,79 mg/dl) na fase de metestro na estação quente (Quadro 36 e Anexo 12).

As cabras suplementadas com Cr apresentaram um aumento significativo da ureia na fase do cio na estação quente, mais do que na suave, mas um decréscimo (P<0,05) da ureia no cio nas mesmas condições. No entanto, as cabras suplementadas com Se-E apresentaram concentrações séricas de ureia na estação quente mais baixas (P<0,05) do que na estação fria durante o ciclo estral (Tabela 36).

As concentrações de ureia no soro (mg/dl) das cabras durante o período de gestação são apresentadas no Quadro 37. O quadro 37 e o apêndice 12 mostram que os níveis séricos de ureia não foram significativamente afectados pelas estações do ano durante as fases de gestação, exceto no final da gestação, em que a ureia diminuiu significativamente (P<0,0001) na estação quente, mais do que na estação amena, com concentrações de 30,22 *vs.* 43,84 mg/dl, respetivamente. Verificou-se que

Tabela 37: Médias (±SE) das concentrações de ureia no soro (mg/dl) das coelhas durante o período de gestação afectadas pela estação do ano, pelo tratamento e pela sua interação.

Item	Ureia (mg/dl)		
	Cedo	Médio	Tarde
Estação (S)			
Suave	67.39 ±5.0	68.93±3.1	43.84 ± 2.1
Quente	68.50 ±4.0	64.29 ±3.2	30.22 ± 1.3
Valor *P*	0.768	0.131	0.0001
Tratamentos (T)			
Controlo	80.64A ±5.0	$62,74^B$ ±4,9	$42,48^A$ ±2,3
Cr	60.33B ±3.9	$63,55^B$ ±1,4	$33,29^B$ ±1,2
Se-E	62.87B ±6.5	$73,54^A$ ±4,0	$35,33^B$ ±3,2
Valor *P*	0.0001	0.008	0.0001
Interação (S*T) Item			
Suave			
Controlo	$91,58^a$ ±7,5	$83,28^a$ ±4,8	$53,54^a$ ±0,24

Cr	76,77^b ±3,8	57,20^c ±0,5	28,27^d ±1,14
Se-E	33,83^c ±2,7	66,30^{bc} ±6,1	49,73^b ±2,3
Quente			
Controlo	69,71^b ±5,1	42,18^d ±1,1	31,42^d ±0,03
Cr	43,89^c ±0,9	69,91^b ±1,1	38,32^c ±0,24
Se-E	91,92^a ±4,5	80,77^a ±4,5	20,93^e ±1,1
Valor *P*	0.0001	0.0001	0.0001

As médias com letras diferentes (A, B e C ou a, b, c,...) na mesma coluna são significativamente diferentes a (P<0,05).

Cr= Crómio, Se-E= Selénio +Vitamina-E.

A concentração de ureia no soro diminuiu acentuadamente do meio para o fim da gravidez durante as estações amenas e quentes.

Tanto os grupos tratados com Cr como com Se-E diferiram significativamente na concentração de ureia em diferentes períodos de gestação em comparação com o controlo. A suplementação das cabras com Cr ou Se-E diminuiu significativamente (P<0,05) a ureia no início e no final da gravidez, em comparação com o controlo. A diminuição acentuada devida ao Cr e ao Se-E foi de cerca de 33,29 e 35,33 mg/dl, respetivamente, no final da gravidez contra 42,48 mg/dl no controlo. A ureia aumentou (73,54mg/dl, P<0,05) a meio da gravidez devido ao Se-E mais do que aos outros grupos (Tabela 37 & Anexo 12).

Verificou-se que os grupos tratados com Cr e Se-E apresentavam concentrações de ureia sérica significativamente mais baixas (P<0,05) do que os grupos de controlo no início, a meio e no final da gravidez, em condições moderadas. O grupo Cr apresentou uma diminuição gradual da ureia sérica desde o início da gravidez, atingindo a concentração mais baixa (28,27 mg/dl) no final da gravidez. O grupo Se-E apresentou um efeito flutuante na ureia, desde a diminuição no início e no final da gravidez até ao aumento a meio da gravidez.

Em condições de estação quente, o grupo Cr apresentou uma concentração de ureia significativamente inferior à do controlo no início da gravidez, ao passo que foi significativamente superior à do controlo a meio e no final da gravidez. O grupo Se-E apresentou concentrações de ureia contrárias às do grupo Cr, registando uma diminuição acentuada (20,93 mg/dl) da ureia no final da gravidez.

Além disso, o grupo Se-E registou uma diminuição gradual da ureia à medida que a gravidez foi passando (Tabela 37).

As cabras prenhes tratadas com Cr apresentaram concentrações de ureia mais elevadas (P<0,05) durante o meio e o fim da gestação na estação quente do que na suave, com efeito inverso no início da gestação. Por outro lado, o Se-E apresentou resultados de ureia dentro do grupo, ao contrário do grupo Cr (Quadro 37). É evidente, a partir da Tabela 38 e do Apêndice 12, que a ureia sérica diferiu significativamente (P<0,05 ou 0,0001) nos 15th , 30th e 45th dias pós-parto na estação quente do que na moderada. A ureia sérica tendeu a aumentar no momento do pós-parto na estação quente, atingindo a concentração mais elevada (73,57 mg/dl) no dia-45 do PP. Por outro lado, a estação quente apresentou uma concentração de ureia mais baixa do que a estação ligeira durante o pós-parto, com a concentração mais baixa (53,75 mg/dl) no dia 15 do PP.

O tratamento das cabras com Cr ou Se-E aumentou significativamente (P<0,05) as concentrações de ureia nos dias 15th e 30th PP em comparação com o controlo, sendo a concentração mais elevada (95,0 mg/dl) no dia 30th PP devido à suplementação com Cr. Por outro lado, ambos os tratamentos diminuíram de forma insignificante a concentração de ureia aos 45th dias PP em comparação com o controlo.

Conforme afetado pela interação, as concentrações de ureia aumentaram nos 15th e 30th dias PP devido à suplementação com Cr e depois diminuíram (54,08 mg/dl, P<0,05) nos 45th dias PP na estação amena em comparação com o controlo. Por outro lado, as cabras de Se-E

Tabela 38: Médias (±SE) das concentrações séricas de ureia (mg/dl) das coelhas durante o período pós-parto afectadas pela estação do ano, pelo tratamento e pela sua interação.

Item	Ureia (mg/dl)		
	PP de 15 dias	PP de 30 dias	PP de 45 dias
Estação (S)			
Suave	67.76 ±3.4	72.85 ±5.1	59.47 ±4.6
Quente	53.75 ±4.6	67.13 ±4.6	73.57 ±3.8
Valor *P*	0.0001	0.019	0.001
Tratamentos (T)			

Controlo	44.97B ±4.5	32,64^{C} ±0,52	71.08 ±4.9
Cr	72.42A ±5.1	95.00^{A} ±2.50	62.37 ±3.6
Se-E	64.88A ±4.1	82,34^{B} ±0,05	66.10 ±7.1
Valor *P*	0.0001	0.0001	0.102
Interação (S*T) Item			
Suave			
Controlo	61,69^{b} ±5,9	32.27 ±1.02	90,22^{a} ±4,6
Cr	88,86^{a} ±1,9	100.00 ±3.20	54,08^{c} ±4,9
Se-E	52.72b ±2.1	86.28 ±0.14	34,12^{d} ±2,3
Quente			
Controlo	28,25^{c} ± 0,2	33.00 ±0.28	51,95^{c} ± 2,10
Cr	55,98^{b} ±7,7	90.00 ±3.30	70,66^{b} ±4,2
Se-E	77,04^{a} ±6,2	78.40 ±5.20	98,10^{a} ±4,6
Valor *P*	0.0001	0.155	0.0001

Meios com letras diferentes (A, B e C ou a, b, c,...) na mesma coluna

são significativamente diferentes a (P<0,05).

Cr= Crómio, Se-E= Selénio +Vitamina-E.

O grupo Cr mostrou ureia sérica inferior à do controlo nos dias 15th e 45th do PP; o último foi o mais baixo em concentração de ureia (34,12 mg/dl) na estação ligeira devido aos tratamentos. A concentração mais elevada de ureia foi (100 mg/dl) no dia 30 do PP devido ao tratamento com Cr (Tabela 38 e Anexo 12).

No que diz respeito à estação quente, tanto os grupos tratados com Cr como com Se-E apresentaram níveis mais elevados de ureia sérica durante o período pós-parto do que o controlo. O aumento acentuado foi de cerca de 90,0 mg/dl devido ao tratamento com Cr no dia 30 do PP. O grupo Se-E apresentou um aumento gradual da ureia sérica a partir do 15° dia[th] até atingir o nível mais elevado (98,1 mg/dl) no dia-45 PP. Além disso, o grupo Se-E foi superior (P<0,05) ao Cr durante os dias pós-parto, exceto no dia 30 PP (Tabela 38).

As cabras tratadas com Cr apresentaram valores mais baixos de ureia sérica na estação quente do que na suave nos dias 15th e 30th PP e vice-versa no dia-45 PP. No entanto, as cabras tratadas com Se-E apresentaram valores de ureia mais elevados na estação quente do que na estação calma nos dias 15 e 45 PP (Quadro 38).

No presente estudo, as concentrações de ureia no soro durante a estação quente foram mais baixas do que as concentrações suaves nos períodos de estro, gravidez e pós-parto. Este resultado está em harmonia com os de **Abdel-Samee *et al.* (1989), Kamal *et al.* (1989), Ahmed (1990) e Dixon *et al.* (1999).**

A depressão da ureia-N no sangue associada ao stress térmico nos animais pode dever-se a uma maior reabsorção da ureia-N <u>do sangue para o rúmen, para compensar a diminuição da</u> amónia-N <u>no rúmen</u>, devido à diminuição da ingestão de alimentos e do consumo de azoto digestível **(Yousef *et al.*, 1996 e Marai e Habeeb, 1998)**. Além disso, o aumento da excreção urinária de azoto em condições de stress térmico grave, indicado por um balanço negativo de azoto, pode também contribuir para a diminuição do nível de ureia sérica nessas condições **(Habeeb *et al.*, 1992)**.

Dixon *et al.* (1999) referiram que o ambiente quente reduziu o balanço de azoto em ovinos Merino x Border Leicester, provavelmente devido à diminuição da ingestão total de matéria seca e ao aumento da respiração ofegante.

Pelo contrário, **Shwartz *et al.* (2009)** verificaram que o stress térmico aumentava a concentração plasmática de ureia-N em vacas Holstein em lactação.

No que diz respeito ao efeito do tratamento, a aplicação de Cr a cabras resultou numa diminuição das concentrações de ureia no soro durante os períodos de cio e de gestação, em comparação com o controlo. Estes resultados estão de acordo com os resultados de **Wang *et al.* (2009)**, que concluíram que a suplementação de suínos com Cr sob a forma de Crcl3, nanocompósito de crómio ou picolinato (CrPic) diminuiu a concentração sérica de ureia, mas estes resultados não estão de acordo com os presentes resultados no período pós-parto, que revelaram um aumento significativo do nível de ureia em comparação com o controlo (76,6 *vs.* 49,6 gm/dl, respetivamente). **Gentry *et al.* (1999) e Yanchev *et al.* (2007)** sugeriram que o Cr suplementar pode ter provocado uma redução do consumo de ração, uma menor <u>ingestão de proteínas, um nível mais baixo de NH3 libertado e uma melhor</u> utilização de <u>NH3</u> pelos microrganismos do rúmen, reduzindo assim o nível de amónio que tem de ser desintoxicado como ureia no fígado.

Os resultados actuais na gestação e no pós-parto discordam dos resultados de **Targhibi** *et al.* **(2011)**, que concluíram que a concentração de ureia sérica das vacas leiteiras durante o final da gestação e o início da lactação (21 dias pós-parto) não era diferente entre o grupo tratado com Cr e o controlo. **Nikkhah** *et al.* **(2011)** verificaram que a adição de crómio à dieta de vacas leiteiras não afectou a concentração de ureia em condições de stress térmico.

No que respeita aos resultados actuais do Se-E, estão quase de acordo com **Esa (2011)** em cabras Baladi, que afirmou que o tratamento de cabras em gestação e em pré-parto com Se-E resultou numa diminuição significativa da ureia sérica em comparação com o grupo não tratado.

Por outro lado, os autores anteriores e **Alsic** *et al.* **(2008)**, em vacas, relataram que a concentração de ureia diminuiu durante os períodos inicial, médio e final da lactação. Estes resultados discordaram dos resultados actuais da ureia pós-parto, que revelaram um aumento significativo da ureia sérica devido ao tratamento com Se-E. Por outro lado, os níveis elevados de ureia concordaram com os de **Slavik** *et al.* **(2008)**, que demonstraram que as concentrações de ureia no soro aumentavam com a suplementação de Se (selenito de sódio) em vacas de carne.

Pelo contrário, **El-Shahat e Abdel Monem (2011)** afirmaram que o tratamento de ovelhas Baladi egípcias com selénio e/ou vitamina E em condições subtropicais não revelou diferenças significativas entre os diferentes grupos na concentração sérica de ureia.

4.3. Algumas hormonas esteróides de fêmeas caprinas afectadas pela suplementação com Cr e Se-E:

4.3.1. Estradiol-17β sérico (E_2):

Os dados da Tabela 39 mostram as concentrações séricas de estradiol-17β das cabras durante o ciclo estral, afectadas pela estação do ano, pelo tratamento e pela sua interação.

As concentrações séricas de estradiol-17β (E_2) foram significativamente ($P<0,01$)

afectadas pela estação do ano, pelos tratamentos e pela sua interação (Quadro 39 e Anexo 13).

Não se verificaram diferenças significativas nas concentrações de E2 durante o ciclo estral, exceto no diestro, em que o E2 foi mais elevado na estação quente do que na estação amena em 6,4 pg/ml; além disso, as concentrações de E2 foram insignificantemente mais elevadas nas fases do estro e do metestro na estação quente do que na estação amena. O estradiol-17β apresentou o padrão tradicional regular de aumento e diminuição durante as fases do cio. O nível mais elevado registou-se na fase de cio, com valores médios de 45,97 e 48,44 pg/ml para as estações amena e quente, respetivamente (Tabela 39).

A análise de variância para os dados obtidos revelou um efeito altamente significativo (P<0,0001) devido aos tratamentos no estradiol- 17β sérico. Em geral, os grupos de tratamento apresentaram concentrações de E2 superiores às do controlo durante o período do estro. A injeção de Se-E foi significativamente

Tabela 39: Médias (±SE) das concentrações séricas de Estradiol-17β (pg/ml) das coelhas durante o ciclo estral, afectadas pela estação do ano, tratamento e sua interação.

Item	Estradiol-$_1$ 7β (pg/ml)			
	Diestro	Proestro	Estrus	Metestro
Estação (S)				
Suave	22.8 ±1.50	30.45 ±3.9	45.97 ±4.2	25.48 ±2.9
Quente	29.2 ±0.72	29.71 ±1.1	48.44 ±1.6	27.21 ±1.5
Valor _P_	0.0001	0.74	0.348	0.426
Tratamentos (T)				
Controlo	21,61^c ±1,2	21,98^B ±1,9	35,02^C ±2,4	19,87^B ±2,5
Cr	25,26^B ±1,7	22,18^B ±1,5	44,11^B ±2,3	23,63^B ±1,5
Se-E	31,25^A ± 1,0	46,07^A ±4,0	62,49^A ±4,2	35,53^A ±3,2
Valor _P_	0.0001	0.0001	0.0001	0.0001
Interação (S*T) Item				
Suave				
Controlo	17,95^c ± 1,6	14,01^c ±1,2	27,22^d ±1,9	12,89^c ±1,9
Cr	17,36^c ±0,01	17,57^c ±0,8	36,23^{cd} ±3,3	17,39^c ±0,5
Se-E	33,27^a ±1,8	59,77^a ±4,5	74,46^a ±6,1	46,16^a ±4,2
Quente				
Controlo	25,28^c ±1,2	29,96^b ±1,3	42,82^{bc} ±3,2	26,84^b ±3,8
Cr	33,16^a ±0,83	26,79^b ±2,2	51,98^b ±0,5	29,87^b ±1,5
Se-E	29,24^b ±0,32	32,36^b ±1,8	50,53^b ±3,0	24,91^b ±1,9
Valor _P_	0.0001	0.0001	0.0001	0.0001

Meios com letras diferentes (A, B e C ou a, b, c,...) na mesma coluna

são significativamente diferentes a (P<0,05).

Cr= crómio, Se-E= Selénio +Vitamina-E.

aumentaram as concentrações de E2 durante o ciclo estral mais do que os grupos Cr e de controlo. O nível mais elevado foi de cerca de 62,49 pg/ml para o Se-E contra 35,02 e 44,11 pg/ml para o controlo e o Cr, respetivamente. Além disso, o tratamento com Cr mostrou um aumento significativo da concentração de E2 nas fases de diestro e cio, mais do que o controlo, com valores de 25,26 e 44,11 pg/ml *contra* 21,61 e 35,02 pg/ml, respetivamente (Quadro 39).

Conforme afetado pela interação, em condições moderadas, o Se-E aumentou significativamente (P<0,5) as concentrações de E2 durante o ciclo estral em comparação com o Cr e o controlo. O nível mais elevado de E2 foi (74,46 pg/ml) na fase do cio, contra 27,22 e 36,23 pg/ml nos grupos de controlo e Cr, respetivamente. No entanto, o tratamento com Cr foi insignificantemente mais elevado do que o controlo durante as fases de proestro e metestro.

Por outro lado, o tratamento com Cr aumentou os níveis de E2 durante o diestro (33,16 pg/ml), o estro (51,98 pg/ml) e o metestro (29,87 pg/ml) na estação quente, em comparação com os grupos de controlo e Se-E, embora estes aumentos não fossem estatisticamente significativos (Quadro 39).

As fêmeas que receberam Cr apresentaram concentrações de E2 mais elevadas (P<0,05) durante o ciclo estral na estação quente do que na estação amena. Um efeito contrário foi obtido com o tratamento Se-E (Tabela 39).

A média da concentração sérica de estradiol-17β (pg/ml) das coelhas durante o período pós-parto (PP), afetada pela estação do ano, pelo tratamento e pelas suas interações, é apresentada na Tabela 40.

Tabela 40: Médias (±SE) das concentrações séricas de Estradiol-17β (pg/ml) das coelhas durante o período pós-parto afectadas pela estação do ano, tratamento e sua interação.

Item	Estradiol-17β (pg/ml)		
	PP de 15 dias	PP de 30 dias	PP de 45 dias
Estação (S)			
Suave	29.27 ± 1.8	38.73 ± 3.30	34.84 ± 2.3
Quente	64.32 ±2.5	47.04 ± 2.30	41.32 ±3.7
Valor *P*	0.0001	0.005	0.029
Tratamentos (T)			
Controlo	48.32B ±5.7	35,45[B] ±2,9	40,08[B] ± 2,8

Cr	36,43C± 3,2	34,90^B ±3,3	20,96^C ±1,5
Se-E	55,65A± 3,4	58,23^A ±1,9	53,19^A ±3,4
Valor *P*	0.0001	0.0001	0.0001
Interação (S*T) Item			
Suave			
Controlo	21,49^c ± 1,3	25,49^d ±2,5	30,26^b ±0,23
Cr	26,04^c ± 3,3	29,43^d ±3,7	21,05^b ±1,12
Se-E	40,27^b ± 1,4	61,27^a ±3,6	53,22^a ±1,1
Quente			
Controlo	75,14^a ±2,2	45,41^{bc} ±3,5	49,91^a ±0,41
Cr	46,81^b ± 3,4	40,38^c ±5,1	20,88^b ±2,8
Se-E	71,02^a ± 1,6	55,32^{ab} ±1,1	53,16^a ±6,9
Valor *P*	0.0001	0.002	0.008

Meios com letras diferentes (A, B e C ou a, b, c,...) na mesma coluna

são significativamente diferentes a (P<0,05).

Cr= Crómio, Se-E= Selénio +Vitamina-E.

Os dados obtidos revelaram que a concentração de estradiol-17β foi significativamente (P<0,05 ou 0,0001) mais elevada nos dias 15th , 30th e 45th pós-parto em estações quentes do que em estações amenas. A concentração mais elevada de E2 foi de cerca de 64,32 pg/ml no 15th dia PP na estação quente, enquanto na estação amena foi de 38,73 pg/ml no 30th dia PP, como se mostra na Tabela 40 e no Anexo 13.

Independentemente do efeito da estação do ano, verificou-se que as cabras tratadas com Se-E apresentaram um nível de E2 altamente significativo (P<0,0001), mais do que o controlo e o Cr durante os dias do pós-parto. O nível mais elevado de E2 foi (58,23 pg/ml) no dia 30th do PP devido ao tratamento com Se-E. Por outro lado, o tratamento com Cr diminuiu (P<0,05) o nível de E2 nos dias 15 e 45 PP em relação ao controlo, apresentando o nível mais baixo 20,96 pg/ml no 45th dia PP (Quadro 40).

A interação entre a estação do ano e o tratamento mostrou que a injeção de Se-E aumentou (P<0,05) as concentrações de E2 mais do que o controlo e o Cr no período pós-parto. A concentração mais elevada de E2 foi de cerca de 61,27 pg/ml no dia 30th PP, em comparação com 25,49 e 29,43 pg/ml para o controlo e o Cr em condições moderadas, respetivamente. Por outro lado, o Cr não mostrou uma diferença significativa (P<0,05) no E2 em comparação com o controlo durante o

PP nas mesmas condições.

Em condições de calor, o tratamento Se-E foi insignificantemente mais elevado nas concentrações de E2 do que os grupos de controlo e Cr, especialmente nos dias 30 e 45 PP. Na estação amena, o grupo Cr mostrou E2 mais baixo do que os outros grupos durante o período PP com o valor mais baixo de 20,88 pg/ml no dia 45th PP (Tabela 40).

O grupo Cr apresentou concentrações elevadas (P<0,05) de E2 nos dias 15th e 30th PP na estação quente mais do que na estação amena. Por outro lado, o grupo Se-E não diferiu em E2 na estação quente do que na estação amena durante a PP, exceto no dia 15 PP (Tabela 40).

O aumento do estradiol-17β ao longo do ciclo estral devido à suplementação com Crcl3 está de acordo com os resultados de **Biswas *et al.* (2006)** em novilhas leiteiras, que observaram que as novilhas alimentadas com 0,25, 0,5 e 1,0 mg Cr kg^{-1} matéria seca (como cloreto de crómio), respetivamente, desenvolveram folículos de Graffian e incidência de estro. Este aumento nas concentrações de E2 durante o cio pode refletir o seu efeito potenciador no crescimento e maturação dos folículos de Graffian e na quantidade de estradiol-17β subsequentemente libertada pelas células da granulosa.

Sabe-se que o stress térmico reduz as concentrações plasmáticas de estradiol e diminui a concentração folicular de estradiol, a atividade da aromatase, o nível do recetor de LH e atrasa a ovulação **(Ozawa *et al.*, 2005)**. Os mecanismos pelos quais o stress térmico altera as concentrações de hormonas reprodutivas circulantes não são conhecidos. Alguns efeitos do stress térmico podem envolver a hormona adrenocorticotrópica (ACTH) e aumentar a secreção de cortisol. Foi relatado que a ACTH bloqueia o comportamento sexual induzido pelo estradiol **(Hein e Allrich, 1992)**. Foi sugerido um aumento da secreção de corticosteróides **(Roman-Ponce *et al.*, 1977)**, porque este pode inibir a GnRH e, por conseguinte, a secreção de LH **(Gilad *et al.*, 1993)**. Muitos estudos confirmaram a diminuição do cortisol devido a suplementos de Cr **(Pechova *et** *al.*, **2002a, Louise, 2003 e Soltan *et al.*, 2012)** que, por sua vez, podem atuar para aliviar os efeitos adversos do stress térmico nas hormonas reprodutivas. Além disso, **Tuormaa (2000)** afirmou que o crómio exerce uma influência significativa na maturação folicular e na hormona luteinizante.

Os resultados do pós-parto indicaram que a suplementação com Cr não teve efeito no aumento dos níveis de estradiol-17β durante o período pós-parto, nem em condições de estação amena nem de estação quente. Estes resultados estão de acordo com os de **Burton *et al.* (1995)**, que não encontraram nenhum efeito significativo da suplementação de Cr no estradiol nas semanas -1, 0, 1 e 2 após o parto.

Por outro lado, o Se-E aumentou as concentrações de E2 durante o cio e o período pós-parto, não apenas em condições amenas, mas também na estação quente. Estes resultados estão de acordo com as conclusões de **Prasdini, *et al.* (2014)**, que demonstraram que a administração de 0,51,5 mg/ml de selénio e 50 mg de vitamina E exerce uma forte influência no aumento das concentrações de estrogénio (E2) durante o cio em vacas leiteiras em comparação com o grupo de controlo (9,9 *vs.* 7,81 pg/ml, respetivamente). O stress térmico durante o recrutamento folicular suprime o crescimento subsequente até à ovulação, acompanhado de uma diminuição do nível de receptores de LH e da síntese de estradiol nos folículos **(Ozawa *et al.*, 2005; Roth, 2008)**. A suplementação de vitamina E-selénio a búfalas reprodutoras repetidas e em anestro aliviou o stress oxidativo, como demonstram os níveis reduzidos de peroxidação lipídica, as actividades da superóxido dismutase e da glucose-6-fosfato desidrogenase, juntamente com o aumento da vitamina E e do β-caroteno e a melhoria da composição bioquímica do sangue em animais suplementados com vitamina E-Se **(Nayyar e Jindal, 2010).**

4.3.2. Progesterona sérica (P4):

As concentrações de progesterona (ng/ml) das fêmeas caprinas durante o ciclo estral, em função da estação do ano, do tratamento e da interação entre eles, são apresentadas no Quadro 41 e no Apêndice 14.

Existe uma diferença significativa (P<0,05, 0,001 ou 0,0001) nas concentrações de progesterona durante as diferentes fases do ciclo estral devido à estação do ano, ao tratamento e à sua interação.

A concentração de progesterona foi significativamente mais elevada na estação suave do que na quente, exceto na fase do cio da estação quente. A concentração mais elevada foi de (18,36 ng/ml) no cio na estação suave contra 9,86 ng/ml na estação quente.

Vale a pena mencionar que o Cr apresentou uma concentração de P4 mais elevada (P<0,05) durante o ciclo estral em comparação com os outros grupos. A resposta ao tratamento com Cr foi de maior magnitude (32,99 ng/ml) durante a fase de estro, seguida por Se-E (11,79 ng/ml)

Tabela 41: Médias (±SE) das concentrações séricas de progesterona (ng/ml) das coelhas durante o ciclo estral afectadas pela estação do ano, pelo tratamento e pela sua interação.

Item	Progesterona (ng/ml)			
	Diestro	Proestro	Estrus	Metestro
Estação (S)				
Suave	1.17 ±0.07	2.10 ±0.19	2.12 ±0.23	18.36 ±2.6
Quente	1.34 ±0.04	1.62 ±0.05	3.11 ±0.18	9.86 ±0.5
Valor *P*	0.015	0.001	0.0001	0.0001
Tratamentos (T)				
Controlo	1,04[B] ±0,08	1,66[B] ±0,09	2,23[B] ±0,33	6,57[C] ±0,7
Cr	1,40[A] ±0,03	2,39[A] ±0,30	3,39[A] ±0,17	23,99[A] ±3,4
Se-E	1,33[A] ±0,07	1,53[B] ±0,07	2,23[B] ±0,21	11,79[B] ±0,6
Valor *P*	0.0001	0.0001	0.0001	0.0001
Interação (S*T) Item				
Suave				
Controlo	0,81[b] ±0,07	1,65[b] ±0,18	0,81[d] ±0,07	3,51[c] ±0,12
Cr	1,39[a] ±0,04	3,35[a] ±0,33	3,89[a] ±0,06	39,01[a] ±2,4
Se-E	1,30[a] ±0,15	1,30[b] ±0,01	1,67[c] ±0,15	12,56[b] ±0,4
Quente				
Controlo	1,27[a] ±0,11	1,66[b] ±0,10	3,65[a] ±0,26	9,62[b] ±0,6
Cr	1,42[a] ±0,03	1,44[b] ±0,05	2,88[b] ±0,27	8,96[b] ±0,9
Se-E	1,35[a] ±0,03	1,76[b] ±0,11	2,79[b] ±0,33	11,01[b] ±1,2
Valor *P*	0.027	0.0001	0.0001	0.0001

Meios com letras diferentes (A, B e C ou a, b, c,...) na mesma coluna

são significativamente diferentes a (P<0,05).

Cr= crómio, Se-E= Selénio +Vitamina-E.

do que o controlo (6,57 ng/ml). As cadelas Se-E apresentaram uma concentração de P4 mais elevada (P<0,0001) nas fases de diestro e metestro do que o controlo, com valores de 1,33 e 11,79 ng/ml *vs.* 1,04 e 6,57 ng/ml, respetivamente (Tabela 41 & Anexo 14).

Como afetado pela interação, em condições moderadas, os grupos tratados apresentaram níveis mais elevados (P<0,05) de P4 do que o controlo durante o ciclo estral. As cabras do grupo Cr apresentaram o nível mais elevado de P4 (39,01 ng/ml) no estro, seguidas pelo grupo Se-E (12,56 ng/ml). Do mesmo modo, o grupo Se-E apresentou uma concentração de P4 mais elevada (P<0,05) durante as fases do estro do que o controlo, exceto na fase do proestro.

Por outro lado, em condições de calor, o tratamento das coelhas com Cr ou Se-E teve um efeito insignificante nas concentrações de P4 em comparação com o controlo durante as diferentes fases do ciclo estral, exceto na fase do estro, em que os tratamentos foram inferiores (P<0,05) em P4 ao controlo, como se mostra no Quadro 41 e no Apêndice 14.

Dentro de cada grupo, o grupo Cr apresentou concentrações de P4 mais baixas (P<0,05) na estação quente do que na estação calma durante o ciclo estral, exceto na fase do cio. Por outro lado, as cabras tratadas com Se-E não diferiram nos níveis de P4 na estação quente do que na suave, exceto na fase do cio, que foi mais elevada (P<0,05) na estação quente do que na suave (Quadro 41).

Os dados da Tabela 42 mostram as médias (±SE) dos níveis de progesterona (ng/ml) das cadelas Baladi durante o período de gestação. Os resultados obtidos revelaram que os níveis séricos de progesterona foram significativamente (P<0,05 ou 0,0001) afectados pela estação do ano, pelo tratamento e pelas suas interações, como se mostra no Quadro 42 e no Apêndice 14.

As concentrações séricas de progesterona foram significativamente (P<0,0001) mais elevadas no início e no final da gravidez (18,88 e 25,17 ng/ml, respetivamente) na estação quente do que na suave. A meio da gravidez, a estação quente foi mais elevada (P<0,05) no nível de P4 (39,24 ng/ml) do que a suave (26,42 ng/ml).

O tratamento das fêmeas com Cr ou Se-E aumentou (P<0,05) as concentrações de P4 durante o início, o meio e o fim da gravidez mais do que o controlo. O tratamento com Cr quase teve concentrações de P4 mais altas do que o tratamento com Se-E, o valor mais alto de 45,55 ng/ml foi no meio da gravidez, seguido de 31,22 ng/ml para Se-E contra 21,72 ng/ml para o controlo. Durante o início e o final da gravidez, não houve diferença significativa entre os grupos Cr e Se-E nas concentrações de P4 (Tabela 42 e Apêndice 14).

Verificou-se um aumento acentuado nas concentrações de P4 devido aos tratamentos Cr e Se-E com valores de 62,95 e 39,61 ng/ml, respetivamente, a meio da gravidez na estação amena. Além disso, os tratamentos tiveram o mesmo efeito durante o final da gravidez em comparação com o controlo.

O efeito significativo devido aos tratamentos com Cr ou Se-E em condições de calor foi um aumento (21,17 ng/ml, P<0,05) no início da gravidez e uma diminuição (21,24 ng/ml) no final da gravidez em comparação com o controlo. Por outro lado, os tratamentos não mostraram diferenças significativas nas concentrações de P4 durante a gravidez em comparação com o controlo (Quadro 42).

Tabela 42: Médias (±SE) das concentrações séricas de progesterona (ng/ml) das coelhas durante o período de gestação, em função da estação do ano, do tratamento e da sua interação.

Item	Progesterona (ng/ml)		
	Cedo	Médio	Tarde
Estação (S)			
Suave	9.72 ±0.6	39.24 ±4.41	22.22 ± 1,9
Quente	18.88 ±0.8	26.42 ±1.5	25.17 ± 1.1
Valor *P*	0.0001	0.0001	0.069
Tratamentos (T)			
Controlo	12.02B ±1.2	21,72^C ±1,6	18,56^B ±2,2
Cr	15.09A ±1.5	45,55^A ±6,1	27,09^A ±1,5
Se-E	15.80A ±1.0	31,22^B ±1,9	25,43^A ±1,6
Valor *P*	0.003	0.0001	0.0001
Interação (S*T) Item			
Suave			
Controlo	7,01^d ±0,3	15,15^d ±0,2	9,76^c ±1,3
Cr	9,00^d ±0,5	62,95^a ±8,9	27,29^a ±2,8
Se-E	13,16^c ±1,3	39,61^b ±1,5	29,63^a ±2,4

Quente			
Controlo	$17,03^b \pm 1,3$	$28,29^{bc} \pm 1,5$	$27,36^a \pm 2,5$
Cr	$21,17^a \pm 1,6$	$28,14^{bc} \pm 3,4$	$26,91^a \pm 1,3$
Se-E	$18,45^{ab} \pm 1,1$	$22,82^{cd} \pm 0,7$	$21,24^b \pm 1,1$
Valor _P_	0.01	0.0001	0.0001

As médias com letras diferentes (A, B e C ou a, b, c,...) na mesma coluna são significativamente diferentes a (P<0,05).

Cr= Crómio, Se-E= Selénio +Vitamina-E.

O grupo Cr apresentou um aumento significativo (P<0,05) de P4 no início da gravidez (21,17 ng/ml) na estação quente em comparação com a estação amena, e uma diminuição (28,14 ng/ml) no final da gravidez. O grupo Se-E apresentou níveis mais elevados (P<0,05) de P4 no início e no final da gravidez em estação quente do que em estação amena, com efeito contrário no meio da gravidez (Tabela 42).

Os dados da Tabela 43 mostram as concentrações de progesterona (ng/ml) das coelhas durante o período pós-parto em função da estação do ano, do tratamento e da sua interação, o que revelou um efeito significativo (P<0,0001) destes factores nas concentrações de P4.

É obviamente claro que a estação do ano teve um efeito altamente significativo (P<0,0001) nas concentrações de P4 durante 15th , 30th e 45th dias PP. O nível mais alto foi (4,42 ng/ml) no 30th dia PP, enquanto o mais baixo foi (0,38 ng/ml) no 45th dia PP em estação amena como mostrado na Tabela 43 e Apêndice 14.

A suplementação com crómio ou Se-E mostrou uma diminuição significativa (P<0,05) das concentrações de P4 nos 15th e 45th dias PP em comparação com o controlo. No dia 30 PP, o Se-E mostrou um aumento (P<0,05) do nível de P4 em relação ao controlo e ao tratamento com Cr, com valores de 5,05, 1,35 e 1,14 ng/ml, respetivamente. O grupo Cr apresentou uma diminuição gradual da P4 a partir do dia 15 PP, atingindo o valor mais baixo de 0,73 ng/ml no dia 45th PP (Tabela 43).

Como afetado pela interação, em condições suaves, o Cr mostrou um aumento (1,16 ng/ml, P<0,05) em P4 no dia 15th PP comparando

Tabela 43: Médias (±SE) das concentrações séricas de progesterona (ng/ml) das coelhas durante o período pós-parto, em função da estação do ano, do tratamento e da sua interação.

Item	Progesterona (ng/ml)		
	PP de 15 dias	PP de 30 dias	PP de 45 dias
Estação (S)			
Suave	0.95 ±0.04	0.61 ±0.02	0.38 ±0.02
Quente	2.15 ±0.12	4.42 ±0.62	1.87 ±0.16
Valor *P*	0.0001	0.0001	0.0001
Tratamentos (T)			
Controlo	1,77^A ±0,19	1,35^B ±0,17	1,85^A ±0,29
Cr	1.27C ±0.07	1,14^B ±0,13	0,73^C ±0,08
Se-E	1,61^B ±0,17	5,05^A ±0,95	0,79^B ±0,1
Valor *P*	0.0001	0.0001	0.0001
Interação (S*T) Item			
Suave			
Controlo	0,88^d ± 0,05	0,53^c ± 0,003	0,46^d ±0,016
Cr	1,16^c ± 0,08	0,55^c ± 0,02	0,33^e ±0,012
Se-E	0,80^d ± 0,02	0,75^c ± 0,04	0,33^e ±0,01
Quente			
Controlo	2,65^a ± 0,08	2,17^b ± 0,10	3,25^a ±0,01
Cr	1,38^c ± 0,12	1,74^b ± 0,03	1,14^c ±0,05
Se-E	2,42^b ± 0,08	9,36^a ± 0,63	1,23^b ±0,02
Valor *P*	0.0001	0.0001	0.0001

As médias com letras diferentes (A, B e C ou a, b, c,...) na mesma coluna são significativamente diferentes a (P<0,05).

Cr= crómio, Se-E= Selénio +Vitamina-E.

com o controlo (0,88 ng/ml), mas apresentou um efeito inverso no dia-45 PP. A injeção de Se-E não diferiu (P<0,05) nas concentrações de P4 do que o controlo durante o período PP, exceto uma diminuição obtida no dia 45 PP, com valores de 0,33 e 0,46 ng/ml, respetivamente. Por outro lado, na estação quente, verificou-se um aumento significativo na concentração de P4 (9,36 ng/ml) devido à injeção de Se-E no dia 30th PP em comparação com o controlo (2,17 ng/ml) e Cr (1,74 ng/ml) durante o período pós-parto. Por outro lado, ambos os tratamentos foram inferiores ao controlo, como se mostra na Tabela 43.

Garcia *et al.* (1997) estudaram o efeito da suplementação com Cr-picolinato sobre a função ovariana e uterina em marrãs e descobriram que as concentrações de progesterona permaneceram inalteradas devido à suplementação com Cr. Além disso, **Nikkhah *et al.* (2011)** concluíram que a utilização na dieta de um suplemento de crómio-metionina (Cr-Met) durante aproximadamente 2 meses em vacas no pico e no início da lactação sob temperaturas ambiente naturais elevadas não teve qualquer efeito nos níveis de progesterona. A este respeito, os resultados do presente estudo sobre o ciclo estral e a gestação durante a estação quente estão de acordo com os de **Garcia *et al.* (1997) e Nikkhah *et al.* (2011),** mas não com os resultados do pós-parto, uma vez que os níveis de progesterona foram quase inferiores aos do controlo.

Os resultados actuais no pós-parto concordam com as conclusões de **Yang *et al.* (1996),** que verificaram que os níveis plasmáticos de progesterona não diferiam entre vacas suplementadas com Cr e vacas PP de controlo na 2ª semana, enquanto que o nível de progesterona na 6ª semana PP era significativamente mais baixo nas vacas tratadas do que nas de controlo, com valores de cerca de 2,57 *vs.* 3,34 ng/ml, respetivamente. Além disso, **Burton *et al.* (1995)** não encontraram qualquer efeito significativo da suplementação com Cr sobre a progesterona nas semanas -1, 0, 1 e 2 após o parto, embora as vacas suplementadas com Cr tendessem a ter concentrações mais baixas de progesterona que diminuíam mais rapidamente após o parto do que as vacas de controlo.

Por outro lado, **Ganie *et al.* (2014)** afirmaram que a suplementação de Se (0,2 ppm de selenito de Se) não teve efeito ($P < 0,05$) no perfil de progesterona sérica em novilhas búfalas durante o ciclo estral em comparação com o grupo de controlo. Os presentes resultados concordam, na sua maioria, com os dos últimos autores durante o ciclo estral na estação quente e amena, exceto nas fases de diestro e metestro da estação amena, uma vez que revelaram uma progesterona sérica mais elevada ($P < 0,01$) do que o controlo (Quadro 41).

De acordo com os presentes resultados, **Esa (2011),** em cabras Baladi prenhes, observou que a injeção de Se-E aumentou a progesterona sérica durante o início, o meio e o fim da gravidez, em comparação com o grupo não tratado. Na mesma tendência, **Krajnicakova *et al.* (2003)** observaram que a concentração plasmática de P4 aumentou durante a gestação, atingindo o seu nível mais elevado às 19-20th semanas e depois diminuiu durante as últimas 2 semanas antes do parto. Além disso, **Kamada *et al.* (2014)**, em novilhas prenhes, verificaram que a suplementação com Se (0,3 PPm de selenito de sódio) aumentou a progesterona plasmática nas 29-39 semanas de gestação de 4,98 para 6,86 ng/ml, em média. Os autores sugeriram que o Se contribui para manter a função do corpo lúteo e/ou da placenta no último período da gravidez. **Lammoglia *et al.* (1995)** relataram que as concentrações periféricas de progesterona em vacas Angus indicavam uma diminuição gradual e contínua durante os últimos 30 dias antes do parto, enquanto o estrogénio aumentava durante o mesmo intervalo. Estes resultados podem refletir a utilização de progesterona para a produção de estrogénio.

Os resultados do pós-parto mostraram claramente um aumento altamente significativo na concentração de progesterona em 30th dias PP devido à injeção de Se-E, especialmente em condições de estação quente, que estão na mesma tendência de **khan *et al.* (2015)** em búfalas. Os autores estimaram a progesterona a partir de 30 dias pós-parto para avaliar o efeito da suplementação de vitamina E e minerais no início da ciclicidade nas búfalas experimentais. Os autores referiram que o grupo suplementado apresentou um início precoce da ciclicidade (32 dias após o parto) em comparação com o grupo de controlo (35 dias após o parto). A ciclicidade na maioria dos animais pode ter sido iniciada antes dos 30 dias, como ficou evidente na concentração de progesterona.

Mavi *et al.* (2006) verificaram que a suplementação de vitamina E e selénio a búfalas Murrah durante o período pré-parto resultou no início precoce da atividade ovárica pós-parto e na manifestação precoce do primeiro cio pós-parto, bem como na duração do primeiro aumento de progesterona superior a 1 ng/ml de plasma, que foi significativamente mais longo nas búfalas suplementadas com Se-E. **Panda *et al.* (2006)** afirmaram que a suplementação com vitamina E melhora o desempenho reprodutivo devido ao seu efeito positivo na síntese de esteróides, libertação, crescimento folicular e sintomas de cio ovulatório **(Srivastava, 2008).**

4.3.3. Cortisol sérico:

Os dados do quadro 44 mostram as concentrações de cortisol sérico (ng/ml) durante o ciclo estral das coelhas experimentais, em função da estação do ano, do tratamento e das suas interações.

As concentrações séricas de cortisol foram significativamente (P< 0,05, 0,01 ou 0,0001) afectadas pela estação do ano, pelo tratamento e pela interação entre eles durante o ciclo estral.

Independentemente do efeito dos tratamentos, a concentração de cortisol foi mais elevada durante a estação quente do que na estação amena durante as diferentes fases do ciclo estral, exceto na fase de proestro, em que a estação amena foi mais elevada em cortisol (34,93 ng/ml, P<0,0001) do que a estação quente (24,63 ng/ml), como se mostra no Quadro 44 e no Apêndice 15.

Vale a pena mencionar que o cortisol diminuiu significativamente (P<0,05) na fase do cio devido aos tratamentos com Cr ou Se-E em comparação com o controlo. As fêmeas do tratamento com Cr apresentaram menor (P<0,05)

Tabela 44: Médias (±SE) das concentrações de cortisol sérico (ng/ml) das coelhas durante o ciclo estral afectadas pela estação do ano, pelo tratamento e pela sua interação.

Item	Cortisol (ng/ml)			
	Diestro	Proestro	Estrus	Metestro
Estação (S)				
Suave	21.72 ±1.4	34.93 ±1.5	22.44±1.5	26.75 ±1.6
Quente	25.73 ±3.5	24.63 ±2.5	28.39 ±3.6	29.06 ±3.9
Valor *P*	0.03	0.0001	0.005	0.229
Tratamentos (T)				
Controlo	36,93^A ±3,6	36,97^A ±2,1	36,71^A ±4,2	43,44^A ±3,8
Cr	13,35^C ±1,8	25,29^B ±3,2	15,10^C ±1,9	17,77^C ±1,4
Se-E	20,89^B ±1,9	27,08^B ±2,4	24,45^B ±2,3	22,50^B ±2,9
Valor *P*	0.0001	0.0001	0.0001	0.0001
Interação (S*T) Item				
Suave				
Controlo	21,36^b ±1,6	31,05^c ±2,8	18,55^b ±2,6	25,95^b ±0,6
Cr	20,71^b ±1,7	38,98^{ab} ±2,5	24,21^b ±0,66	23,95^b ±0,01
Se-E	23,09^b ±3,6	34,74^{bc} ±2,5	24,57^b ±3,6	30,35^b ±4,7
Quente				
Controlo	52,49^a ±3,0	42,89^a ±2,2	54,87^a ±2,7	60,93^a ±2,1
Cr	5,99^c ±0,42	11,59^e ±1,3	5,99^c ±0,42	11,59^c ±2,3
Se-E	18,68^b ±1,6	19,41^d ±2,5	24,32^b ±3,2	14,65^c ±1,8
Valor *P*	0.0001	0.0001	0.0001	0.0001

Meios com letras diferentes (A, B e C ou a, b, c,...) na mesma coluna são significativamente diferentes a (P<0,05). Cr= crómio, Se-E= Selénio +Vitamina-E.

níveis de cortisol do que o Se-E durante as fases do estro, com concentrações mais baixas de 13,35 e 15,10 ng/ml no diestro e na fase do estro, respetivamente. Por outro lado, o nível mais baixo de cortisol devido ao Se-E (20,89 ng/ml) foi no diestro contra 36,93 ng/ml para o controlo (Quadro 44).

Conforme afetado pela interação, em condições moderadas, os níveis de cortisol não diferiram significativamente entre os tratamentos e o controlo. No entanto, em condições de calor, as fêmeas submetidas ao Cr apresentaram uma diminuição significativa (P<0,05) do nível de cortisol durante as fases do estro, com uma concentração de 5,99 ng/ml nas fases de diestro e estro e de 11,59 ng/ml nas fases de proestro e metestro, respetivamente. O Se-E mostrou o mesmo efeito de declínio no cortisol durante o ciclo estral em comparação com o controlo; o nível mais baixo foi (14,65 ng/ml) no metestro contra 60,93 ng/ml para o controlo (Quadro 44).

As cabras alimentadas com Cr apresentaram níveis significativamente baixos (P<0,05) de cortisol na estação quente, mais do que na estação fria. No entanto, as cabras Se-E mostraram níveis mais baixos de cortisol sérico na estação quente do que na suave, com significado nas fases de proestro e metestro (Quadro 44).

Como se pode ver na Tabela 45, os níveis de cortisol foram mais baixos durante a estação quente do que durante a estação suave durante as fases da gravidez, mostrando significância (P<0,01 ou 0,0001) no início e no final da gravidez. O nível mais baixo, de 21,39 ng/ml, registou-se no final da gravidez na estação quente, *contra* 24,35 ng/ml na estação amena. A análise de variância dos dados mostrou um efeito altamente significativo (P<0,05 ou 0,0001) devido aos tratamentos no cortisol sérico.

Tabela 45: Médias (±SE) das concentrações séricas de cortisol (ng/ml) das coelhas durante o período de gestação afectadas pela estação do ano, pelo tratamento e pela sua interação.

Item	Cortisol (ng/ml)		
	Cedo	Médio	Tarde
Estação (S)			

Suave	33.09 ±1.6	31.85 ±1.6	24.35 ±1.9
Quente	18.84 ±1.8	29.46 ±3.2	21.39 ±1.7
Valor *P*	0.0001	0.144	0.004
Tratamentos (T)			
Controlo	24.49B ±1.5	26,98[B] ±1,7	22,87[B] ±1,2
Cr	25.29B ±4.0	18,60[C] ±2,0	11,26[C] ±1,1
Se-E	28,11[A] ±1,3	46,40[A] ±2,4	34,49[A] ±1,4
Valor *P*	0.024	0.0001	0.0001
Interação (S*T) Item			
Suave			
Controlo	29,86[b] ±1,7	32,77[b] ±2,3	18,77[c] ±1,4
Cr	44,43[a] ±0,7	25,97[c] ±2,6	14,81[d] ±1,5
Se-E	24,96[c] ±1,9	36,81[b] ±2,7	39,48[a] ±1,2
Quente			
Controlo	19,12[d] ±1,3	21,19[c] ±0,9	26,97[b] ±0,83
Cr	6,15[e] ±0,2	11,22[d] ±0,4	7,71[e] ±0,80
Se-E	31,25[b] ±1,5	55,98[a] ±1,6	29,49[b] ±1,3
Valor *P*	0.0001	0.0001	0.0001

As médias com letras diferentes (A, B e C ou a, b, c,...) na mesma coluna são significativamente diferentes a (P<0,05).

Cr= Crómio, Se-E= Selénio +Vitamina-E.

O tratamento com crómio teve vantagem na diminuição dos níveis de cortisol em comparação com os grupos de controlo e Se-E durante a gravidez. O nível mais baixo de cortisol devido ao tratamento com Cr foi de cerca de 11,26 ng/ml no final da gravidez (Tabela 45 & Anexo 15).

Verificou-se que a injeção de Se-E aumentou (P<0,05) os níveis de cortisol durante o período de gravidez, especialmente a meio da gravidez (46,4 ng/ml), mais do que o controlo (26,98 ng/ml), como se mostra na Tabela 45.

Conforme afetado pela interação, na estação amena, o Cr diminuiu (P<0,05) o cortisol a meio e no final da gravidez, em comparação com o controlo, para além da diminuição gradual do nível de cortisol desde a fase inicial, atingindo o valor mais baixo (14,81 ng/ml) no final da gravidez. Por outro lado, o Se-E mostrou um efeito flutuante sobre o cortisol na estação suave. O Se-E diminuiu o cortisol (24,96 ng/ml, P<0,05) no início da gravidez, enquanto aumentou o nível no final da gravidez (39,48 ng/ml) em comparação com o controlo.

O grupo do crómio mostrou uma diminuição acentuada (P<0,05) dos níveis de cortisol na estação quente durante o período de gestação, em comparação com os outros grupos. O valor mais baixo foi (6,15 ng/ml) no início da gravidez contra 19,12 ng/ml no controlo. No entanto, o tratamento com Se-E aumentou (P<0,05) os níveis de cortisol durante a gravidez, embora este aumento não tenha sido significativo no final da gravidez em comparação com o controlo, tendo o nível mais elevado sido de (55,98 ng/ml) a meio da gravidez *contra* 21,19 ng/ml no controlo, como se mostra na Tabela 45.

Dentro de cada grupo, as fêmeas do grupo Cr apresentaram níveis de cortisol mais baixos (P<0,05) na estação quente do que na estação fria durante o período de gestação. O grupo Se-E apresentou níveis de cortisol mais elevados (P<0,05) na estação quente do que na suave durante o início e o meio da gestação, com efeito inverso no final da gestação (Tabela 45).

Os dados da Tabela 46 e do Apêndice 15 mostram uma diferença insignificante nos níveis de cortisol em função da estação do ano durante o período pós-parto, exceto no dia 15, em que as cabras PP tiveram uma diminuição significativa (P<0,01) do cortisol na estação quente, com um valor de 14,31 ng/ml *contra* 16,75 ng/ml na estação amena.

Por outro lado, a aplicação do tratamento Cr mostrou uma diminuição insignificante dos níveis de cortisol (14,03 e 12,92 ng/ml) nos 15th e 30th dias PP, respetivamente, em comparação com o controlo. No entanto, o tratamento com Se-E revelou um aumento significativo (P<0,05) do cortisol durante o período pós-parto, sendo que a concentração mais elevada foi de cerca de 33,08 ng/ml no dia 45 PP contra 11,63 ng/ml para o controlo, respetivamente, como se mostra na Tabela 46 e no Apêndice 15.

Conforme afetado pelo efeito de interação, é evidente que a diminuição acentuada do cortisol se deveu ao efeito Cr em condições de estação quente nos dias 15th e 30th PP com valores de 6,31 e 9,68 ng/ml, respetivamente. O tratamento com Se-E aumentou (P<0,05) os níveis de cortisol mais do que o grupo de controlo nas estações quente e amena, com a concentração mais elevada de 33,99 ng/ml no dia-45 PP contra 11,77 e

Tabela 46: Médias (±SE) das concentrações séricas de cortisol (ng/ml) das coelhas durante o período pós-parto, afectadas pela estação do ano, pelo tratamento e pela sua interação.

Item	Cortisol (ng/ml)		
	PP de 15 dias	PP de 30 dias	PP de 45 dias
Estação (S)			
Suave	18.94 ±1.6	16.75 ±0.87	19.80 ±1.7
Quente	19.79 ±2.2	14.31 ±0.66	19.30 ±1.8
Valor *P*	0.64	0.01	0.68
Tratamentos (T)			
Controlo	15,71[B] ±1,7	14,34[B] ±0,16	11,63[B] ±0,40
Cr	14.03B ±1.8	12,92[B] ±1,2	13,95[B] ±1,3
Se-E	28.35A ±2.0	19,32[A] ±0,89	33,08[A] ±1,1
Valor *P*	0.0001	0.0001	0.0001
Interação (S*T) Item			
Suave			
Controlo	9,27[c] ±0,97	14,13[c] ±0,32	11.48 ±0.7
Cr	21,76[b] ±1,6	16,17[bc] ±2,1	15.75 ±2.6
Se-E	25,79[ab] ±1,7	19,94[a] ±1,19	32.16 ±1.2
Quente			
Controlo	22,15[b] ±1,9	14,55[c] ±0,10	11.77 ±0.19
Cr	6,31[c] ±0,13	9,68[d] ±0,12	12.15 ±0.77
Se-E	30,90[a] ±2,2	18,7[ab] ±1,3	33.99 ±1.9
Valor *P*	0.0001	0.01	0.18

Meios com letras diferentes (A, B e C ou a, b, c,...) na mesma coluna

são significativamente diferentes a (P<0,05).

Cr= Crómio, Se-E= Selénio +Vitamina-E.

12,15 ng/ml para o controlo e Cr, respetivamente (Tabela 46). Tal como nos períodos de estro e de gestação, o Cr apresentou um cortisol sérico mais baixo na estação quente do que no período PP, embora a diminuição não tenha sido significativa aos 45th dias PP. O tratamento Se-E apresentou tendência oposta à do Cr durante o período PP (Tabela 46).

Os resultados actuais apontam obviamente para uma diminuição geral dos níveis de cortisol devido à suplementação com crómio, com um significado claro na estação quente do estro, na gravidez e nos períodos pós-parto. Estes resultados estão de acordo com as conclusões de **El-Masry *et al.* (2001),** que referiram que a suplementação com 0,6 mg Cr/kg de MS a vitelos em condições de stress térmico mostrou uma diminuição significativa da concentração de cortisol em comparação com vitelos não tratados com Cr. **Halder *et al.* (2007)** afirmaram que o cortisol sérico foi menor em cabras que receberam Cr adicionado à dieta, especialmente naquelas suplementadas com cloreto de Cr do que com levedura de Cr, em comparação com o grupo de controlo. Além disso, o cortisol sérico aumentou no grupo de controlo com o tempo (dia 120 vs dia 60) da experiência, mas diminuiu significativamente nos grupos tratados com Cr, as alterações do cortisol no grupo CrCl3 foram superiores às do grupo Cr levedura no mesmo período da experiência.

Vários estudos confirmaram a associação entre a Cr e o metabolismo durante o aumento do stress fisiológico, patológico e nutricional (**Pechova e Pavlata, 2007**). Sob a influência de tais factores de stress, a secreção de cortisol aumenta, actuando como um antagonista da insulina através do aumento da concentração de glucose no sangue e da redução da utilização de glucose pelos tecidos periféricos. O aumento dos níveis de glucose no sangue estimula a mobilização da reserva de Cr, que é depois irreversivelmente excretada na urina (**Borel *et al.*, 1984 e Mertz, 1992**). A excreção de Cr na urina aumenta com todos os factores indutores de stress (**Mowat, 1994**). Muitos autores confirmaram uma diminuição da sensibilidade ao stress em animais suplementados com Cr através de uma concentração reduzida de cortisol no sangue (**Mowat *et al.*, 1993 e Pechova *et al.*, 2002a**). Além disso, **Louise (2003)** afirmou que o stress térmico provoca um aumento da produção de cortisol e que a suplementação com crómio ajuda a aliviar o efeito do stress e reduziu a concentração de cortisol no soro sanguíneo de vitelos criados sob stress térmico em cerca de 36%, em comparação com o controlo (**Soltan *et al.*, 2012**). A suplementação com crómio a 200 ou 1000 ppb na MS de uma fonte orgânica reduziu a concentração sérica de cortisol em 40% e **60%** em bovinos de carne (**Almeida e Barajas, 2001**).

A forma como o crómio afecta a produção de cortisol é desconhecida, mas é evidente que os glucocorticóides inibem a excreção de insulina (**Munck *et al.*, 1984**).

No que respeita aos resultados do tratamento com Se-E, este revelou, em geral, uma diminuição da concentração de cortisol durante o ciclo estral, mas aumentou-a significativamente nos períodos de gestação e pós-parto. Estes resultados não coincidem com os de **Gupta *et al.* (2005)** em bovinos leiteiros. Os autores estudaram o efeito de um tratamento único (injeção IM de 20 ml) de vitamina E e Se às 3 semanas pré-parto nas concentrações de cortisol e encontraram diferenças insignificantes entre os grupos de concentrações de cortisol plasmático no dia-21 pré-parto (antes do tratamento). No entanto, desde o dia 7 pré-parto até ao dia do parto, as concentrações de cortisol plasmático foram maiores ($P < 0,05$) nas vacas de controlo do que nas que receberam vitamina E+Se. No mesmo sentido, **Reis *et al.* (2012)** em bovinos estressados pelo manejo concluíram que os níveis de cortisol não foram afetados pela suplementação de Se nem por quaisquer interações entre as concentrações de Se (0, 18, 27 e 32 mg, Se/kg de ração)) e o tempo (0, 15, 30, 60, 90 e 120 dias de tratamento).

Por outro lado, os resultados actuais concordam com os de **Aktas *et al.* (2011)** em bovinos sujeitos a stress de transporte, que encontraram um aumento insignificante no nível de cortisol do animal tratado em relação ao grupo de controlo.

Independentemente do estado reprodutivo, a diminuição do cortisol sérico durante o ciclo estral concordou com os resultados de **Sivakumer *et al.* (2010)** em cabras Black Bengal sujeitas a stress térmico. O investigador referiu que as cabras que receberam vitamina E e selénio apresentaram uma diminuição significativa do nível de cortisol plasmático em comparação com as cabras não tratadas (30,48 *vs.* 40,57 nmol/L, respetivamente), indicando que a suplementação pode ter um efeito negativo nos níveis de cortisol durante o stress térmico. Uma redução semelhante nos níveis de cortisol pela vitamina E em cabras submetidas a stress térmico foi obtida por **Webel *et al.* (1998)**, selénio-fermento em cordeiros em acabamento por **Dominguez-Vara *et al.* (2009).** Sabe-se que um nível mais elevado de cortisol é libertado em resposta a uma variedade de factores de stress agudos, incluindo o estro e a gravidez **(Laven e Peters, 1996 e Lyimo *et al.*, 2000)**, o que, nesses casos, aumenta a reação metabólica oxidativa. Por conseguinte, a suplementação com Se e/ou vitamina E pode reduzir os metabolitos reactivos do oxigénio e/ou os radicais livres, uma vez que o selénio contribui para as enzimas envolvidas no metabolismo das hormonas da tiroide, especificamente a conversão de T4 em T3. Além disso, a proteção das membranas biológicas contra a oxidação por peróxido de hidrogénio e outros agentes oxidantes, por exemplo, radicais livres, superóxido e hidroxiperóxido orgânico, induzida pelo selénio, pode estar relacionada com a redução do cortisol **(Gupta *et al.*, 2005 e Dominguez-Vara *et al.*, 2009).**

4.4. Caraterísticas reprodutivas e produtivas de fêmeas caprinas afectadas por suplementos de Cr e Se-E:

4.4.1. Caraterísticas reprodutivas:

As caraterísticas reprodutivas das cabras dos diferentes grupos experimentais são apresentadas no Quadro 47 a e b. Em condições de estação amena, os dados obtidos mostram que a suplementação com Cr ou Se-E não teve qualquer efeito sobre as caraterísticas reprodutivas das cabras, em termos de taxa de conceção, taxa de parição, taxa de fertilidade, prolificidade e fecundidade, em comparação com o grupo de controlo. O grupo Se-E registou a percentagem mais baixa de fertilidade e de taxa de parição, bem como o número de cabritos nascidos. Por outro lado, o grupo Cr foi o mais baixo em prolificidade (tamanho da ninhada), com cerca de 1,67, em comparação com 2 para os grupos Se-E e de controlo.

Em condições de estação quente, é obviamente claro que os suplementos de Cr e Se-E melhoraram as caraterísticas reprodutivas em comparação com o grupo de controlo. Os tratamentos com Cr e Se-E melhoraram a fertilidade e a taxa de conceção em 75 e 50%, respetivamente, mais do que o controlo. Além disso, os tratamentos aplicados aumentaram a percentagem de fecundidade em 125% mais do que o grupo de controlo. Verificou-se que o grupo Cr foi o mais baixo em termos de prolificidade (1,75), enquanto o grupo Se-E foi o mais alto (2,3). No que diz respeito aos resultados do crómio, este não teve qualquer efeito positivo no tamanho da ninhada (prolificidade), o que está de acordo com **Campbell (1998),** que não encontrou qualquer efeito no número de leitões por ninhada devido à suplementação com Cr. Em contraste, **Trottier e Wilson (1998); Hagen *et al.* (2000) e Lindemann *et al.* (2000)** revelaram um efeito de melhoria na reprodução em termos de um aumento do tamanho da ninhada devido à suplementação com CrPic.

Por outro lado, a administração de Cr melhorou a fertilidade (taxa de gravidez), a taxa de conceção e a fecundidade. Estes resultados estão de acordo com **Lindemann (1999) e Lindemann *et al.* (2000 e 2004)** com suínos. No mesmo sentido, **Bryan *et al.* (2004)** relataram que a taxa de gravidez tendia a ser mais elevada em vacas leiteiras alimentadas com pasto intensivo suplementadas com Cr do que nos controlos. O Cr também

Quadro 47a: Efeito dos tratamentos nas caraterísticas reprodutivas das cabras na estação quente e amena.

Tratamento	Não.	Não. A gravidez faz		Não. O Kidded faz		Não. Crianças		Taxa de conceção %		Taxa de fecundidade %		taxa de natalidade %		Prolificidade		Fecundidade %	
		SI	SII	SI	SII	SI	SII	SI	SII	SI	SII	SI	SII	SI	SII	SI	SII
Controlo	12	12	3	9	3	18	6	100	25	75	25	75	100	2[a]	2[a]	150[a]	50[b]
Cr	12	12	12	9	12	15	21	100	100	75	100	75	100	1.67[b]	1.75[b]	125[a]	175[a]
Se-E	12	12	9	6	9	12	21	100	75	50	75	50	100	2[a]	2.3[a]	100[b]	175[a]
Chi Sq.								3.57		4.03		4.03		9.36		9.36	
Valor P								0.17		0.13		0.13		0.01		0.01	

As médias com letras diferentes (a, b e c) na mesma coluna são significativamente diferentes a (P<0,05).

Cr= Crómio, Se-E= Selénio+ vitamina E, **SI=** estação amena e **SII=** estação quente.

Taxa de fecundidade = N.º de cabras paridas / N.º de cabras unidas ao macho x100.

Prolificidade (tamanho da ninhada/doe) = N.º de cabritos nascidos / N.º de cabras paridas.

Fecundidade = N.º de cabritos nascidos / N.º de cabras unidas ao macho x100.

Taxa de parição = Número de cabras paridas / Número de cabras prenhes x100.

Taxa de conceção = N.º de cabras prenhes (abortadas ou paridas) / N.º de cabras unidas ao macho x100.

afectou a reprodução de vacas de carne que pastavam em pastagens. O fornecimento de Cr num mineral de escolha livre melhorou a taxa de gravidez em vacas de carne **(Stahlhut *et al.*, 2006).**

O crómio desempenha um papel importante na secreção de proteínas específicas da gravidez (PSPB) a partir do endométrio uterino, o que é útil na prevenção da morte embrionária precoce. O crómio exerce uma influência significativa na maturação folicular e na libertação da hormona luteinizante (LH) **(Tuormaa, 2000).**

Os resultados da presente estação quente de Se-E estão de acordo com **Esa (2011)** com cabras Baladi em condições do sul de Saini. Os autores verificaram que a suplementação de cabras com Se e vitamina E aumentou significativamente a fertilidade, a taxa de conceção e de parição, bem como a prolificidade. Tanto a taxa de conceção como a taxa de parição aumentaram com doses mais elevadas em 25% mais do que o controlo, além disso, a prolificidade aumentou de 1,28 para 1,40 para o grupo de controlo e o grupo suplementado com Se e vitamina E, respetivamente.

Na mesma tendência, **Habeeb *et al.* (2012)**, com cabras Zaraibi, relataram que o número de cabritos nascidos por fêmea aumentou de 1,8 no grupo alimentado com dieta basal (deficiente em Se e vitamina E) para 2,5 no grupo alimentado com Se e vitamina E. O selénio é o suplemento adequado mais importante antes do acasalamento para garantir uma fertilidade óptima, no meio e no final da gravidez para o feto em crescimento, nos cordeiros durante a marcação e no desmame dos cordeiros em crescimento **(McKenzie *et al.*, 2001).**

et al. **(2007)** referiram que o número médio de borregos nascidos por ovelha era de 1,0 no controlo e aumentou para 1,8 nas ovelhas tratadas com selénio. O aumento acentuado da fertilidade das ovelhas que receberam Se é uma descoberta interessante e foi registado um aumento da fertilidade de 38% em áreas deficientes em selénio após a suplementação com Se num grande grupo de ovelhas (**Balicka-Ramisz *et al.*, 2006**). **Smith e Akinbamijo (2000)** referiram que uma nutrição deficiente causada por uma ingestão inadequada de Se pode afetar negativamente as várias fases do processo reprodutivo, desde o atraso da puberdade, a redução da ovulação e das taxas de conceção e as perdas fetais, até um anestro pós-parto excessivamente longo, uma elevada mortalidade pré-natal e um fraco desempenho neonatal. **Harrison *et al.* (1984)** sugeriram que a vitamina E e o selénio actuam a nível celular, regulando a produção de radicais livres nos ovários. **Staats *et al.* (1988)** demonstraram que a vitamina E protegia as enzimas esteroidogénicas da degeneração oxidativa e **Rapoport *et al.* (1998)** verificaram que a concentração de a-tocoferol no tecido ovárico estava relacionada com o consumo de vitamina E pelos animais durante o período de produção máxima de progesterona.

Em contraste com estes resultados, **Ramirez-Bribiesca *et al.* (2005)** com cabras mostraram que as injecções de Se-E não afectaram os índices reprodutivos - taxas de fertilidade e de prolificidade. A percentagem de fertilidade foi próxima da obtida em condições práticas óptimas.

4.4.2. Caraterística produtiva (peso à nascença da ninhada):

A análise de variância revelou um efeito significativo do tratamento (Cr) e da estação do ano no peso ao nascer dos cabritos dos grupos tratados. O peso ao nascer na estação amena foi maior, cerca de 0,44 kg a mais do que na estação quente, como mostra a Tabela 47b e o Apêndice 16.

O grupo do crómio teve um peso à nascença significativamente (P<0,001) superior ao do controlo e ao do Se-E, com valores médios de 1,87, 1,48 e 1,47 kg, respetivamente, quer na estação amena quer na quente. O peso à nascença mais elevado foi de 2,13 kg devido à suplementação com Cr na estação amena contra 1,61 kg na estação quente, embora esta diferença não tenha sido significativa. Por outro lado, as fêmeas injectadas com Se-E não afectaram significativamente o peso à nascença da ninhada, em comparação com o controlo, nem na estação amena nem na quente (Quadro 47 b & Apêndice 16).

Os presentes resultados concordam com os de **Anonymus (2011)** com porcas. Os autores verificaram que os animais suplementados com propionato de Cr (200 ppb Cr/ton) apresentaram uma diferença significativa no peso à nascença da ninhada entre o grupo de controlo e o grupo suplementado com Cr, sendo que o último foi superior em cerca de 1,7 lb mais do que o controlo.

O crómio apresentado ao animal deve ter o efeito de aumentar o fornecimento de glucose aos tecidos musculares e/ou adiposos quando ingerido. A energia fornecida a estes tecidos permite aumentar a melhoria da condição corporal. Por conseguinte, os animais foram capazes de melhorar não só nasceram vivos, mas também foram capazes de produzir uma ninhada maior **(Anonymus, 2011)**.

Quadro 47b: Médias (±SE) do peso à nascença (kg) das ninhadas de coelhas em função da estação do ano, do tratamento e da sua interação.

Item	Peso à nascença da ninhada (Kg)
Estação (S)	
Suave	1.83 ±0.067
Quente	1.39 ±0.076
Valor *P*	0.0001
Tratamentos (T)	
Controlo	1,48[B] ±0,11
Cr	1,87[A] ±0,75
Se-E	1,47[B] ±0,80
Valor *P*	0.001
Interação (S*T) Item	
Suave	
Controlo	1.74 ±0.10
Cr	2.13 ±0.12
Se-E	1.61 ±0.13
Quente	
Controlo	1.23 ±0.18
Cr	1.61 ±0.09
Se-E	1.34 ±0.10
Valor *P*	0.501

As médias com letras diferentes (A, B e C ou a, b e c) na mesma coluna são significativamente diferentes a (P<0,05).

Cr= crómio, Se-E= Selénio +Vitamina-E.

Em contrapartida, **Lindemann *et al.* (2004)** verificaram que a suplementação de porcas com CrPico diminuiu o peso individual à nascença do total de suínos nascidos em 1,61, 1,57, 1,47 e 1,56 kg para o controlo, 200, 600 e 1000 ppb Cr, respetivamente. No entanto, **Wang *et al.* (2013)** relataram que não houve diferenças significativas na massa ao nascer da ninhada entre o grupo de controlo e o grupo suplementado com Cr (400 ppb).

Relativamente ao efeito do Se-E no peso à nascença, estes resultados concordam com as conclusões de **Muftoz *et al* (2008) e Swanson *et al* (2008),** que não encontraram qualquer efeito no peso à nascença dos borregos de ovelhas que consumiram fontes de Se orgânicas ou inorgânicas em várias dosagens.

Pelo contrário, **Koyuncu e Yerlikaya (2007)** relataram que a injeção com Se-E teve um efeito positivo no peso ao nascer dos cordeiros. Na mesma tendência, **Stewart *et al.* (2012)** afirmaram que os cordeiros de ovelhas que receberam levedura de selénio a 4,9 mg Se/semana tiveram os pesos de nascimento mais leves, em comparação com o grupo de controlo. Além disso, **Habeeb *et al.* (2012)** com cabras Zaraibi revelaram que o peso médio da ninhada de cabritos nascidos foi de 38,16 kg no grupo de controlo e aumentou significativamente para 67,25 kg no grupo alimentado com Se adequado com vitamina E, o que discorda dos resultados do presente estudo em cabras Baladi.

5.   RESUMO E CONCLUSÕES

Este estudo foi realizado na Quinta Experimental de Caprinos, Centro de Investigação Nuclear, Autoridade Egípcia de Energia Atómica. Inshas, província de Sharkia, durante o período de setembro de 2013 a dezembro de 2014.

Todas as análises das hormonas séricas (estradiol-17β ($E2$), progesterona ($P4$) e cortisol) e dos metabolitos sanguíneos foram efectuadas nos laboratórios da Unidade de Investigação de Fisiologia Animal, Centro de Investigação Nuclear, Autoridade de Energia Atómica.

O presente trabalho teve como objetivo estudar o desempenho reprodutivo das cabras Baladi nativas durante os diferentes períodos reprodutivos, afetado pelas condições de stress térmico em comparação com as condições amenas. Além disso, investigou-se o efeito dos tratamentos com crómio e selénio-E no desempenho reprodutivo das cabras durante as estações amenas e quentes, a fim de atenuar o efeito das condições climáticas nas cabras Baladi.

O estudo foi efectuado em 72 fêmeas caprinas autóctones (36 animais por estação). As cabras foram selecionadas aleatoriamente de acordo com os registos reprodutivos da exploração e submetidas ao estudo. A sua idade variava entre os 2 e os 3 anos e o peso corporal médio era de 25,1±1,5 kg. Os animais foram mantidos em recintos semi-abertos durante todo o período da experiência. As fêmeas foram autorizadas a pastar pelo menos cinco horas por dia.

As fêmeas selecionadas foram sincronizadas com o cio e divididas em três grupos (12 fêmeas por grupo), como se segue:

- **Grupo I**: Os animais deste grupo foram mantidos sem tratamento e foram considerados como grupo de controlo.

- **Grupo II**: Os animais deste grupo tomaram um suplemento de crómio (cloreto de crómio trivalente), 0,8 mg/cabeça/dia.

- **Grupo III:** Os animais deste grupo foram injectados por via intramuscular com 2 ml de viteselen, contendo 0,5 mg de selénio e 10,7 UI de vitamina

E/cabeça/dia.

As amostras de soro foram recolhidas ao longo das diferentes fases (diestro, proestro, estro e metestro) do ciclo estral, sendo depois retiradas mensalmente durante o período de gestação. Após o parto, as amostras foram recolhidas de 15 em 15 dias, até 45 dias após o parto.

Os resultados obtidos podem ser resumidos da seguinte forma:

I-Respostas termorreguladoras:

1-Temperatura rectal (TR):

- O tratamento das cabras com crómio (Cr) ou selénio-vitamina E (Se-E) reduziu significativamente (P<0,05 ou 0,0001) a temperatura rectal durante o ciclo estral. A temperatura rectal mais baixa foi obtida com Se-E no diestro e na fase do cio, com uma diferença de cerca de -0,37 e -0,32^0 C em relação ao controlo, respetivamente.

- Em condições amenas, o Se-E apresentou uma RT mais baixa (P<0,05) do que o controlo nas fases de proestro e metestro, com a RT mais baixa (39,0^0 C) no metestro. No entanto, na estação quente, a menor TR devido ao Cr foi (39,05^0 C) no metestro e foi de 38,8^0 C na fase de estro devido ao Se-E.

- Os suplementos de Cr e Se-E diminuíram a RT no início, a meio e no final da gravidez, exceto o Se-E no final da gravidez (LP), que não apresentou diferenças significativas em comparação com o grupo de controlo. A RT mais baixa foi de 38,03^0 C no LP devido ao tratamento com Cr.

- Em condições de temperaturas amenas e quentes, os grupos tratados apresentaram valores de IR quase inferiores aos do grupo de controlo durante o início da gestação (EP), o meio da gestação (MP) e a LP. Houve uma diminuição acentuada (P<0,05) na RT de 36,63^0 C devido ao Cr na estação amena, no entanto, tanto o Cr como o Se-E apresentaram a RT mais baixa (P<0,05) na estação quente no EP.

- A aplicação dos tratamentos Cr ou Se-E revelou uma diminuição da RT durante 30th e 45th dias pós-parto, as cabras tratadas com Cr apresentaram a RT mais baixa (38,86 ±0,12^0 C) no dia-45 PP.

• A suplementação com Cr na estação amena diminuiu (P<0,05) a RT em 30th e 45th dias PP entre outros grupos, o último dia foi o mais baixo (38,35^0 C) em RT. No entanto, na estação quente, o Se-E diminuiu (P<0,05) a RT aos 30th e 45th dias PP, tendo a RT mais baixa de 38,72^0 C sido registada no dia 30 PP.

2-Temperatura da pele (ST):

• As fêmeas caprinas apresentaram menor (P<0,01 ou 0,0001) ST durante o estro e a gestação em condições suaves do que em condições quentes.

• A injeção de Se-E em cabras diminuiu a ST durante as fases do cio, exceto no proestro, com a ST mais baixa de 37,33^0 C na fase do cio. O Cr não teve qualquer efeito na ST, exceto o declínio registado na fase do cio.

• As cabras injetadas com Se-E apresentaram uma ST inferior à do grupo de controlo durante o ciclo estral em condições moderadas, sendo a ST mais baixa (P>0,05) (37,18^0 C) na fase do estro. O ST mais baixo devido ao Cr foi de cerca de 37,45^0 C no estro. Na estação quente, o Cr apresentou uma ST quase mais baixa (P>0,05) do que o controlo, a única significância foi (38,1^0 C) na fase de cio. No entanto, Se-E apresentou ST mais baixa (P<0,05) nas fases de diestro e estro, tendo a última apresentado a ST mais baixa (37,48^0 C) na estação quente.

• As fêmeas tratadas com Cr ou Se-E tiveram uma ST significativamente mais baixa (P<0,05) do que o grupo de controlo durante a gravidez. A ST mais baixa, de 37,55^0 C, registou-se na LP devido ao tratamento com Cr.

• O grupo Cr apresentou uma ST mais baixa (P<0,05) do que os outros grupos na estação amena. No entanto, tanto o Cr como o Se-E reduziram (P<0,05) a ST do que o controlo na estação quente.

• Não se registaram diferenças significativas no TS devido ao efeito da estação durante o pós-parto (PP), exceto no dia 45th em que o PP da estação quente foi mais elevado no TS do que o da estação amena.

- O Cr diminuiu o ST nos dias 15th e 45th PP, o ST mais baixo (37,53^0 C) foi no dia-15PP. O Se-E diminuiu (P<0,05) o ST apenas no 30th dia PP, especialmente na estação quente, com um valor de 37,46^0 C.

3-Taxa de respiração (RR):

- A RR foi significativamente (P<0,05 ou 0,0001) afetada pela estação do ano nas fases do diestro e do metestro; as cabras da estação amena tiveram uma RR mais elevada do que as da estação quente.

- A suplementação com Cr durante os períodos de estro, gravidez e pós-parto quase não tem efeito significativo na taxa respiratória em comparação com o controlo na estação quente.

- A suplementação com Se-E diminuiu significativamente (P<0,05) a RR durante os períodos de cio, gestação e pós-parto. A diminuição acentuada foi (21 respirações/min) na fase de cio da estação quente e nos dias 15 e 30 PP.

- O tratamento com Cr aumentou significativamente (P<0,05) a RR durante os períodos de gravidez, especialmente em condições ligeiras. No entanto, a injeção com SeE durante a gravidez revelou resultados flutuantes, mas quase teve uma RR inferior (P<0,05) à do controlo.

- Em condições de calor, o grupo Se-E registou a menor (P<0,05) RR a meio e no final da gravidez, em comparação com os outros grupos.

- Durante o período pós-parto, as cabras apresentaram uma RR mais elevada na estação amena do que na quente, a injeção de Se-E levou a uma diminuição significativa da RR durante a estação quente, mas o efeito de diminuição devido ao Cr foi na estação amena, exceto no dia 30 PP.

II- Parâmetros sanguíneos:

1-Glicose no soro:

- A concentração de glucose no soro foi ligeiramente mais baixa na estação quente do que na estação quente durante o ciclo estral e o período de gravidez.

• A suplementação com Cr ou Se-E diminuiu significativamente (P<0,05) a glucose sérica nos dias do ciclo estral do que o controlo. A concentração mais baixa foi (30,29 mg/dl) no diestro devido ao tratamento com Se-E.

• Na estação amena,   não há efeito significativo no teor de glicose devido aos tratamentos durante o ciclo estral, exceto na fase do proestro, bem como durante o período de gestação, exceto a diminuição a meio da gestação (P<0,05) devido ao Cr. Na estação quente, os tratamentos com Cr e Se-E diminuíram (P<0,05) a glucose sérica no ciclo estral, exceto no metestro, tendo a diminuição sido insignificante em comparação com o controlo; a mesma tendência foi obtida durante o período de gestação.

• A administração de Cr diminuiu significativamente (P<0,05) a concentração de glicose nos 15th , 30th e 45th dias PP em comparação com o controlo, o tratamento com Se-E mostrou a mesma tendência de diminuição da glicose sérica.

• As cabras do grupo Cr apresentaram uma glicose sérica significativamente (P<0,05) mais baixa nos dias do pós-parto do que as do grupo de controlo nas estações amena e quente, exceto no dia 15 PP da estação amena. No entanto, a suplementação com Se-E na estação temperada teve um efeito flutuante na glucose e diminuiu-a (P<0,05) na estação quente nos dias 15 e 45 PP.

2- **ALT sérica (SALT):**

• De um modo geral, o tratamento de cabras com Cr ou Se-E durante os períodos de estro, gestação e pós-parto aumentou significativamente (P<0,05) as actividades da ALT, embora este aumento tenha sido por vezes insignificante.

• Em condições moderadas, a atividade da ALT não foi significativamente afetada pelo tratamento com Cr durante o período de estro, gravidez e pós-parto, exceto nas fases de proestro, estro e 30th dias PP. O Se-E mostrou a mesma tendência de insignificância, exceto aos 30th e 45th dias PP, que foi inferior ao controlo. A ALT mais baixa foi (32,54 U/L) no estro para o tratamento Se-E.

• Em condições de calor, o Cr e o Se-E aumentaram significativamente (P<0,05) as actividades da ALT durante os períodos de estro, gestação e pós-parto, exceto no metestro para o Cr e no final da gestação e no 15th dia PP para o Se-E, em que o aumento não foi significativo. A atividade mais elevada foi (53,34 U/L) no dia 15PP devido ao tratamento com Cr.

3- AST sérica (SAST):

- A suplementação com Cr aumentou (P<0,05) a atividade da AST mais do que o controlo durante o ciclo estral e a gravidez em condições de estação amena e quente, com exceção do estro e do metestro da estação amena, bem como do EP e LP da estação quente.

- Durante o pós-parto, a Cr diminuiu (P<0,05) a AST nos dias 15th e 30th PP e vice-versa no dia 45 PP, em comparação com o controlo. A diminuição foi claramente visível no dia 15th PP da estação quente.

- A injeção de Se-E aumentou (P<0,05) a atividade da AST durante o ciclo estral, o que foi evidente na estação quente. No entanto, durante a gravidez e o pós-parto, a Se-E diminuiu a AST em condições de estação amena e quente, exceto o aumento insignificante no dia-45 PP da estação quente.

4- Proteínas totais (TP):

- Em geral, a aplicação de Cr aumentou (P<0,0001) a TP durante o ciclo estral, exceto na fase de cio, bem como durante os períodos de gestação e pós-parto. O mesmo efeito foi obtido pelo Se-E, mas durante o ciclo estral, mostrou um padrão flutuante de TP. A menor concentração de TP foi (6,66 g/dl, P<0,05) no metestro para Se-E.

- Em estação amena, a suplementação com Cr durante o ciclo estral afectou significativamente (P<0,05) a TP apenas nas fases de estro e metestro, no entanto durante a gestação e pós-parto não afectou a TP. O Se-E aumentou (P<0,05) a TP no diestro e a meio da gravidez, mas diminuiu-a nas fases de proestro e metestro, bem como no pós-parto, exceto no dia 15 PP.

- Na estação quente, a Cr aumentou (P<0,05) a TP durante os períodos de estro, gestação e pós-parto, sendo a concentração mais elevada de (12,96) g/dl no proestro. O Se-E teve o mesmo resultado durante a gravidez e o pós-parto, bem como no proestro e na fase do estro. A TP mais elevada devida a Se-E foi de cerca de 13,07 g/dl no dia 30th dia PP.

5- <u>Albumina (Alb):</u>

• Tanto o Cr como o Se-E mostraram um efeito significativo ($P<0,05$) nas concentrações de Alb (concs) apenas nas fases de proestro e metestro, em comparação com o controlo. Durante a gravidez, o Cr e o Se-E diminuíram significativamente o Alb, exceto no final da gravidez no tratamento com Cr. Além disso, o tratamento com Cr diminuiu ($P<0,05$ ou $0,0001$) o Alb em comparação com o controlo durante o período pós-parto, ao passo que o efeito significativo do Se-E ocorreu aos 45th dias PP.

• Na estação amena, o tratamento com Cr não afectou significativamente a concentração de albumina em relação ao controlo durante o ciclo estral, exceto a diminuição no metestro. O Se-E mostrou a mesma tendência, mas o efeito significativo foi um aumento da Alb na fase do proestro. Resultados semelhantes foram obtidos para Cr e Se-E nos dias 15 e 30 PP. Durante a gestação, a Cr diminuiu ($P<0,05$) a Alb na EP e aumentou-a na LP, no entanto a Se-E foi inferior ($P<0,05$) ao controlo nestes períodos, sendo o valor mais baixo 2,15g/dl na LP.

• Na estação quente, a Cr e o grupo Se-E não diferiram significativamente do controlo, exceto na fase de proestro, que foi significativamente baixa. O tratamento com Se-E diminuiu ($P<0,05$) o Alb durante o período de gestação; o Cr foi o mesmo do Se-E, exceto no EP. Durante o pós-parto, a Cr diminuiu ($P<0,05$) o Alb em relação ao controlo no dia 30 PP, e aumentou-o no dia 45; no entanto, o Se-E só apresentou uma diminuição significativa no dia 45th PP.

6- <u>Globulina (Glb):</u>

• A concentração de globulina aumentou significativamente no grupo tratado com Cr no ciclo estral, exceto na fase de estro, enquanto o tratamento com Se-E foi superior (P<0,001) em cerca de 0,99 g/dl e inferior em cerca de 0,46g/dl ao controlo nas fases de diestro e metestro, respetivamente.

• Durante a gravidez e o período pós-parto, os tratamentos com Cr e Se-E aumentaram significativamente (P<0,05) o Glb em relação ao controlo.

• Na estação amena, a concentração mais baixa de Glb foi de (2,55 g/dl) devido à Cr na fase de cio e de (2,92 g/dl) devido à Se-E na fase de cio. Durante a gravidez, o Cr não diferiu significativamente do controlo no Glb, mas o grupo Se-E foi mais elevado (P<0,05) do que o controlo. A mesma tendência de insignificância foi obtida no período pós-parto para o tratamento com Cr e Se-E.

• Na estação quente, o tratamento com Cr aumentou (P<0,05) o Glb durante o ciclo estral do que o controlo; no entanto, o Se-E teve o mesmo efeito apenas nas fases de diestro e proestro. Tanto a suplementação com Cr quanto com Se-E aumentou (P<0,05) o Glb durante os períodos de gestação e pós-parto.

7- Rácio A/G:

• Os tratamentos com Cr e Se-E afectaram significativamente (P<0,01 ou 0,0001) a relação A/G durante o ciclo estral, tendo o Cr aumentado essa relação na fase do estro e diminuído na fase do proestro e do metestro. No entanto, o Se-E diminuiu (P<0,05) a relação A/G no diestro e aumentou-a no metestro.

• Durante a gravidez e o período pós-parto, os tratamentos com Cr e Se-E diminuíram (P<0,05) a relação A/G em relação ao controlo.

• Na estação amena, o aumento significativo (P<0,05) devido à suplementação com Cr foi na fase de diestro e estro. No entanto, o tratamento Se-E teve maior (P<0,05) A/G do que o controlo durante as fases de cio, exceto no diestro, que foi menor. Durante a gestação, o Cr diminuiu (P<0,05) a relação na EP, mas aumentou-a na LP, enquanto o Se-E diminuiu a A/G durante toda a gestação. Tanto o Cr como o Se-E não tiveram efeito significativo na A/G durante o período pós-parto.

• Na estação quente, a suplementação com Cr e Se-E diminuiu (P<0,05) a relação

A/G durante o ciclo estral, exceto no estro de Se-E, bem como nos períodos de gestação e pós-parto.

8- **Colesterol total (CT):**

• O tratamento das cabras com Cr ou Se-E diminuiu significativamente a CT durante as fases do estro, exceto no metestro, sendo a concentração mais baixa (2,35 mg/dl) no metestro devido ao Cr. O tratamento com Se-E diminuiu ($P<0,05$) a CT durante toda a gravidez, mas o Cr diminuiu-a na MP e na LP. Durante o pós-parto, a CT diminuiu ($P<0,05$) nos dias 15 e 45 PP devido à suplementação com Cr e apenas nos 30 dias PP devido à injeção de Se-E.

• Em estação amena, o Cr aumentou ($P<0,05$) o CT na fase de proestro e metestro, bem como durante EP, MP, dias 15 e 30 PP, enquanto o Se-E aumentou na fase de metestro, 15th e 45th dia PP.

• Na estação quente, a suplementação com Cr e Se-E diminuiu ($P<0,05$) a CT durante o ciclo estral, a gravidez e o pós-parto. O valor mais baixo de CT foi de 1,69 mg/dl em 45th dia PP para o tratamento com Cr.

9- **Ureia sérica:**

• O efeito significativo na ureia devido ao Cr durante o ciclo estral foi uma diminuição ($P<0,05$) no diestro e no proestro e um aumento no metestro, enquanto o Se-E a diminuiu ($P<0,05$), exceto na fase do proestro. Tanto o Cr como o Se-E diminuíram ($P<0,05$) a ureia durante os períodos EP e LP, enquanto na MP apenas o Se-E aumentou a ureia mais do que o controlo. Durante o período pós-parto, o Cr e o Se-E aumentaram ($P<0,01$) a ureia nos dias 15th c 30th pp.

• Em época baixa , o tratamento com Cr foi inferior ($P<0,05$) à inureaconcs

do que o controlo no ciclo estral, exceto no metestro, que teve um efeito contrário. O Se-E diminuiu ($P<0,05$) a ureia nas fases de diestro e estro, mas aumentou-a na fase de proestro. O mesmo efeito foi obtido durante a gestação devido aos tratamentos com Cr e Se-E. O tratamento com Cr resultou num aumento significativo da ureia no dia 15 PP e depois diminuiu no dia 45 PP; no entanto, o Se-E diminuiu-a apenas no dia 45th PP.

• Na estação quente, o tratamento com Cr apresentou um nível de ureia mais elevado (P<0,05) do que o controlo nas fases do estro, exceto no proestro, mas o tratamento com Se-E apresentou um nível de ureia inferior ao do controlo durante o ciclo estral. Durante a gravidez, o Cr aumentou a ureia nos períodos MP e LP e diminuiu-a no EP, enquanto o Se-E mostrou um efeito contrário durante estes períodos. Tanto o Cr como o Se-E aumentaram a ureia sérica (P<0,05) nos 15th e 45th dias de PP.

III- <u>Algumas hormonas esteróides:</u>

1. <u>Estradiol-17β (E2):</u>

• Os grupos de tratamento apresentaram uma concentração de E2 superior à do controlo ao longo das fases do ciclo estral. No entanto, durante o pós-parto, o tratamento Cr foi inferior (P<0,05) ao controlo nos dias 15 e 45 PP, mas o Se-E foi superior (P<0,05) durante o período pós-parto.

• Na estação amena, os níveis de E2 aumentaram significativamente (P<0,05) durante o ciclo estral e o período pós-parto apenas devido ao tratamento com Se-E.

• Na estação quente, nem o Cr nem o Se-E diferiram (P<0,05) do controlo durante o ciclo estral, exceto que o diestro do Cr foi superior ao do controlo. Se-E teve o mesmo efeito durante o pós-parto, mas Cr teve níveis de E2 mais baixos (P<0,05) em 15th e 45th dias de PP.

2. <u>Progesterona sérica (P4):</u>

• O grupo Cr apresentou níveis de P4 mais elevados do que o controlo e o grupo Se-E durante o ciclo estral, mas o grupo Se-E aumentou os níveis de P4 (P<0,05) apenas nas fases de diestro e metestro. Durante a gravidez, tanto o Cr como o Se-E foram mais elevados (P<0,05) do que o controlo. O tratamento com Cr diminuiu significativamente a P4 nos 15th e 45th dias PP, enquanto o Se-E a aumentou durante os primeiros 30th dias pp.

• Em condições de estação amena, Cr e Se-E apresentaram níveis de P4 mais elevados do que o controlo durante o ciclo estral e a gestação, mas a fase estral de Se-E e a EP de Cr não o foram. Durante o pós-parto, a Cr não apresentou um padrão distinto, mas a Se-E foi maioritariamente mais elevada do que o controlo.

• Na estação quente, tanto a Cr como a Se-E não diferiram significativamente do controlo, exceto na fase de cio, em que foram inferiores ao controlo. Durante a gravidez, o Cr aumentou (P<0,05) a P4 apenas na EP, mas o Se-E diminuiu-a na LP. A suplementação com Cr e Se-E diminuiu (P<0,05) a P4 nos dias 15th e 45th PP do que o controlo, mas o Se-E aumentou a P4 no dia 30 PP com o nível mais elevado de P4 9,36 ng/ml durante o período PP.

3. <u>Cortisol sérico:</u>

• A suplementação das cabras com Cr ou Se-E diminuiu significativamente (P<0,05) as concentrações séricas de cortisol em relação ao controlo durante o ciclo estral. Durante a gravidez, o Cr reduziu principalmente (P<0,05) o cortisol em relação ao controlo, mas o Se-E aumentou-o completamente. No entanto, durante o pós-parto, o Se-E aumentou (P<0,05) o cortisol em relação ao controlo.

• Durante a estação amena, apenas o tratamento com Cr aumentou (P<0,05) o cortisol na fase de proestro em relação ao controlo. Durante a gravidez, o Cr diminuiu o cortisol nos períodos MP e LP; no entanto, o Se-E aumentou-o no EP e LP. O cortisol aumentou (P<0,05) aos 15th e 30th dias PP devido à Cr e ao Se-E, respetivamente, em comparação com o controlo.

• Na estação quente, o tratamento com Cr diminuiu (P<0,05) o cortisol durante o ciclo estral, a gravidez e a maior parte do período pós-parto. No entanto, a injeção de Se-E diminuiu o cortisol durante o ciclo estral e mostrou um efeito contrário durante os outros períodos reprodutivos.

IV- <u>Algumas caraterísticas reprodutivas:</u>

• Em condições de estação   branda ,   verificou-se   que   a suplementação com Cr ou Se-E não teve qualquer efeito sobre as caraterísticas reprodutivas das cabras, em termos de taxa de conceção, taxa de partos, taxa de fertilidade, prolificidade e fecundidade, em comparação com o grupo de controlo.

• Em condições de estação quente, Cr e Se-E melhoraram a fertilidade e a taxa de conceção em 75 e 50%, respetivamente, bem como aumentaram a percentagem de fecundidade em 125% mais do que o controlo. O grupo Cr teve a prolificidade mais baixa de 1,75, no entanto, o grupo Se-E teve a mais alta (2,3) em comparação com 2 do controlo.

• O grupo do crómio teve um peso à nascença significativamente ($P<0,05$) superior ao do controlo e do Se-E, com valores médios de cerca de 1,87, 1,48 e 1,47 kg, respetivamente, quer na estação amena quer na estação quente. No entanto, a injeção de Se-E não afectou o peso à nascença da ninhada.

Em conclusão, a suplementação com crómio e selénio-E afectou a resposta termorreguladora, os parâmetros sanguíneos, bem como algumas caraterísticas reprodutivas e produtivas das cabras Baladi em condições egípcias. Tanto o Cr como o Se-E reduziram a RT, a ST, o cortisol sérico (apenas no ciclo estral do Se-E), a glucose, o Alb, a relação A/G e o CT na estação quente, com uma diminuição acentuada do cortisol e da glucose devido ao tratamento com Cr. No entanto, nas mesmas condições, ambos os tratamentos mostraram um aumento da TP, Glb, ALT (apenas Cr), atividade AST e ureia (exceto no ciclo estral de Se-E), para além do aumento de E2 e P4 na estação amena. Além disso, o Cr e o Se-E melhoraram a taxa de conceção, a fertilidade e a fecundidade na estação quente, mas apenas o Cr teve um peso à nascença mais elevado do que os outros grupos nas estações amena e quente.

6. REFERÊNCIAS

Abassa, K.P. (1995): Reproductive losses in small ruminants in SubSaharan Africa (Perdas reprodutivas em pequenos ruminantes na África Subsaariana): Revisão. http://www.fao.org/Wairdocs/ILRIx 546DE/x546OeOO.htm.

Abdel-Hafez, M. A. M. (2002): Estudos sobre o desempenho reprodutivo em ovinos. Tese de doutoramento, Fac. Agric., Universidade de Zagazig, Zagazig, Egito.

Abd El-Monem, U. M. e Abd El-Hamid, A. A. (2008): Effect of chromium picolinate supplementation on growth performance, carcass traits, biochemical parameters and blood constituents of growing lambs under the summer Egyptian conditions. Egyptian J. of Sheep and Goat Sciences (Edição Especial, 2nd Inter. Sci. Conf, on SR Production, 2008), 3(1): 95 - 104.

Abdel-Samee, A. M. (1987): O papel do cortisol na melhoria da produtividade do calor de animais de fazenda estressados pelo calor com diferentes técnicas. Tese de Doutoramento, Fac. Agric. Zagazig Univ. Zagazig, Egito.

Abdel-Samee, A. M. (1991): Deteção da adaptabilidade ao calor de cordeiros em crescimento em regiões subtropicais. Zagazig Vet. J., 19: 719-731.

Abdel-Samee, A. M., Diel, J. R., Marai, I. F. M. e Metwally, M. K. (1998): Shearing and fat supplementation effects on growth traits on suffolk lambs under moderate and severe heat stress conditions.1st International Conference on Animal Production and Health in Semi-Arid Areas, El-Arish, Egypt, 1-3 September, pp. 251 - 259.

Abdel-Samee, A. M., Habeeb, A. A., Kamal, H. e Abdel-Razik, M. A. (1989). O papel da suplementação com ureia e mistura mineral na melhoria da produtividade de bezerros Frísios submetidos a stress térmico. Actas de 3rd Egyptian-British.

Conferência sobre produção animal, piscícola e avícola, Alexandria, Egito, pp. 637 - 641.

Abdel-Samee, A. M., Kamal, T. H., Abu-Sinna, G., e Hagag, A. M. (1992): Alívio da carga de calor em cabras lactantes com o uso de diuréticos e bebendo água fresca. Beitr. Trop. Landwirtsch Veterinarmed. 30 (1):91-99.

Abdel-Samee, A.M., Kotby, E.A., Mousa, M.R. e Abou-Fandoud, E.I. (2000): Plasma cortisol concentration in lactating Friesian as influenced by heat stress and some means of alleviation. Actas da Conferência de Desenvolvimento Social e Agrícola do Sinai, Al-Arish, Sinai do Norte, Egito. pp 7-21.

Abd-El-Khalek, T. M. (1997): Adaptabilidade dos caprinos às condições ambientais do Egito. Msc. Tese, Fac., Agricultura, Universidade Al-Azhar, Cairo, Egito.

Abd-El-Khalek, T. M. (2002): Estudo comparativo entre ovinos e caprinos quanto à sua adaptabilidade nas condições egípcias. Tese de doutoramento, Faculdade de Agricultura, Universidade de Al-Azhar, Cairo, Egito.

Abdulaziz, M. A. (2006): Effect of heat stress and supplemental chromium on thermo-respiratory responses, and some hematological and metabolic parameters and transaminases profile in ewes. University of Aden Journal of Natural and Applied Sciences 10(1): 31-40.

Abilay, T. A., Johnson, H. D., e Madan, M. (1975): Influence of environmental heat on peripheral plasma progesterone and cortisol during the bovine estrous cycle. J. Anim. Sci. 58: 1836-1840.

Abiola, S. S. e Onwuka, C. F. I. (1998): Reproductive performance of West African Dwarf sheep and goats at village level, Ogun State, Nigeria. Nig. J. Anim. Prod. 25 (1): 79 - 82.

Aboul-Naga, A. M. e Aboul-Ela, M.B. (1985): The performance of Egyptian breeds of sheep, European breeds and their crosses. 2. Raças europeias e seus cruzamentos. Actas da 36ª Reunião Anual da Associação Europeia de Produção Animal; Kallithea, Grécia. pp 1-20.

Aboul-Naga, A.M., Aboul-Ela, M.B. e Mansour, H. (1987): Sazonalidade da atividade reprodutiva em raças ovinas subtropicais do Egito. Actas de 38th Reunião Anual da EAAP, Lisboa, Portugal.

Aboul-Naga, A. I., Kamal, T. H., El-Masry, K. A. e Marai, I. F. M. (1989): Resposta a curto prazo do arrefecimento por pulverização e da ingestão de água fresca para melhorar o leite de vacas Frísias sujeitas a stress térmico. Actas da 3rd Conferência Egípcio-Britânica sobre produção animal, piscícola e avícola, Universidade de Alexandria, Alexandria, Egito. 2, pp. 607 - 612.

Ahmad, N., Schrick, F. N., Butcher, R. L., Inskeep, E. K. (1995): Effect of persistent follicles on early embryonic losses in beef cows. Biol. Reprod. *52:*1129-1135.

Ahmad, S. e Tariq, M. (2010): Gestão do stress térmico em búfalos de água: uma revisão. Proc 9th World Buffalo Congr, Buenos Aires, Argentina, 297-310.

Ahmed, H. I. A. (1990): Estudos sobre a atenuação do stress térmico em bovinos importados da raça Frísia em condições ambientais egípcias. Tese de Doutoramento, Fac. Agric. Zagazig Univ. Zagazig, Egito.

Aktas, S.M., Ozkanlar, S., Karakoc, A., Akcayc, F. e Ozkanlar, Y. (2011): Eficácia das combinações de vitamina E + selénio e vitamina A + D + E no stress oxidativo induzido pelo transporte a longo prazo em vacas leiteiras Holstein. Livestock Science, 141, (1):76-79.

Alam, M. M., Hashem, M. A., Rahman, M. M., Hossain, M. M., Haque, M. R., Sobhan, Z. e Islam, M. S. (2011): Efeito do stress térmico no comportamento, parâmetros fisiológicos e sanguíneos da cabra. Progress. Agric. 22(1 & 2): 37 - 45.

Al-Bandr, L. K, Ibrahim, D. K, Al-Mashhadani, E. H. (2010): Efeito da suplementação de diferentes fontes de crómio na dieta sobre algumas caraterísticas fisiológicas de frangos de carne. Egito. Poult. Sci., 30(2): 397-413.

Al-Gubory, K. H., Bolifraud, P., Germain, G., Nicole, A. e Ceballos-Picot, I. (2004): Antioxidant enzymatic defense systems in sheep corpus luteum throughout pregnancy. Reprod., 128(6):767-74.

Al-Haidary, A. A., Aljumaah, R. S., Alshaikh, M. A., Abdoun, K. A., Samara, E. M., Okah, A. B. e Aluraiji, M. M. (2012): Respostas termorregulatórias e fisiológicas de ovelhas Najdi expostas à carga de calor ambiental prevalecente na Arábia Saudita. Pak. Vet. J., 32(4): 515-519.

Alhidary, I. A., Shini, S., Al Jassim, R. A. M. e Gaughan, J. B. (2012): Efeito de várias doses de selénio injetado no desempenho e nas respostas fisiológicas dos ovinos à carga térmica. J. Anim. Sci., 90:2988-2994.

Al-Katanani, Y. M., Paula-Lopes F. F., e Hansen P. J. (2002): Effect of season and exposure to heat stress on oocyte competence in Holstein cows. J. Dairy Sci. 85, 390-396.

Almeida, L. e Barajas, R., (2001): Efeito da suplementação com níveis de crómio metionina na resposta imunitária de novilhos recém-chegados aos confinamentos. J. Anim. Sci., 79 (Suppl. 1): 390.

Al-Saiady, M. Y., Al-Shaikh, M. A., Al-Mufarrej, S. I., AlShoweimi T. A., Mogawer H. H., Dirrar A. (2004): Effect of chelated chromium supplementation on lactation performance and blood parameters of Holstein cows under heat stress. Anim. Feed Sci. Tech., 117: 223-233.

Al-Samawi, K. A., Al-Hassan, M.J. e Swelum, A. A. (2014): Termorregulação de cabras Aardi fêmeas expostas ao stress térmico ambiental na Arábia Saudita. Indian J. Anim. Res., 48 (4): 344 - 349.

Al-Shorepy, S. A., Alhadranu, G. A. e Abdul Wahab, K. (2002): Parâmetros genéticos e fenotípicos para caraterísticas de crescimento precoce em cabras dos Emirados. Small Rumin. Res. 45: 217-223.

Alsic, K., Domacinovic, M., Pavicic, Z., Bukvic, Z., Baban, M. e Antunovi, B. (2008). A relação entre a dieta e a retenção de placenta em vacas. Ata Agriculturae Slovenica, 2: 155-162.

Al-Tamimi, H. J., (2007): Thermoregulatory response of goat kids subjected to heat stress. Small Rumin. Res. 71: 280-285.

Alvarez, M.B. e Johnson, H.D. (1973): Efeitos da exposição ao calor do ambiente sobre as catecolaminas e glucocorticóides do plasma bovino. Journal of Dairy Science, 56: 189-194.

AL-Zafry, S. R. e Medan, M. S. (2012): Efeitos do complexo de vitamina E e selénio em coelhos com stress térmico. SCVMJ, 17(2): 129-138.

Amata, I. A. (2013): Crómio na nutrição animal: uma revisão. Glo. Adv. Res. J. Agric. Sci., 2(12): 289-306.

Anderson, R. A. (1994): Efeitos do stress na nutrição com crómio de humanos e animais de criação. In: Proceedings of All tech's 10th Annual Symposium, Biotechnology in the Feed Industry, Lyons P., Jacques K. A. (eds.), Nottingham University Press, UK, 267-274.

Andrés, S., Jiménez, A., Mané, MC., Sânchez, J. e Barrera, R. (1997): Relações entre alguns parâmetros do solo e a atividade da glutationa peroxidase no sangue de ovelhas em pastoreio. Vet. Rec., 141: 267-268.

Andrews, E. D., Hartley, W. H. e Grant, A. B. (1968): Doenças de animais sensíveis ao selénio na Nova Zelândia. N. Z. Vet. J. 16:3-17.

Anke, M., Angelow L, Groppel, B., Arnhold, W.e Gruhn, K. (1987): O efeito da deficiência de selénio na reprodução e no desempenho leiteiro das cabras. In: Actas do seminário sobre macro-elementos e oligoelementos. Universidade de Leipzing-Jena, Alemanha, 1987. P. 440-447.

Anónimo, (2011): The Effect of chromium propionate on piglets and sows in a commercial swine herd. Kemin Industries, Inc. e o seu grupo de empresas. http://chromium.kemin.com/filesimages/Swine/TL-11- 00145.

An-Qiang, L., Zhi-Sheng, W. e An-Guo, Z. (2009): Effect of chromium picolinate supplementation on early lactation performance, rectal temperatures, respiration rates and plasma biochemical response of Holstein cows under heat stress. Pak. J. Nutr., 8 (7): 940-945.

A.O.A.C. (1980): "Official Methods of Analysis, Association of Official Analytical Chemists. "13th Edition Washington, USA.

Appleman, R. D. e Delouche, J. C. (1958): Respostas comportamentais, fisiológicas e bioquímicas de cabras à temperatura, 0 ° a 40 ° C. J. Anim. Sci., 17: 326-335.

Avendafto-Reyes, L., Alvarez-Valenzuela, F.D., Correa- Calderón, A., Saucedo-Quintero, J.S., Robinson, P.H., Fadel, J.G. (2006): Efeito do arrefecimento de vacas Holstein durante o período seco no desempenho pós-parto em condições de stress térmico. Livest. Sci., 5:198-206.

Badinga, L., Thatcher, W. W., Diaz, T., Drost, M. e Wolfenson, D. (1993): Effect of environmental heat stress on follicular development and steroidogenesis in lactating Holstein cows. Theriogenol, 39: 797-810.

Bahga, C. S., Sikka, S. S. e Saijpal, S. (2009): Effect of seasonal stress on growth rate and serum enzyme levels in young crossbred calves. Indian J. Anim. Res., 43 (4): 288-290.

Balicka-Ramisz, A., Pilarczyk, B., Ramisz, A. e Wieczorek, M., (2006): Effects of selenium administration on blood serum Se content and on selected reproductive characteristics of sheep. Archives of Animal Breeding, 49, 176-180.

Barnes, M. M.   C., e Smith, A. J. (1975): The effects of

A deficiência de vitamina E em algumas enzimas da biossíntese de hormonas esteróides. Intern. J. Vitam. Nutri. Res. 45, 396-403.

Baru, P., Khar, K. S., Gupta, R. C., e Luthra, R. A. (1983): Uterine involution in goats. Agricultural practice. Vet. Med.Small Anim. Clinician 11: 1773-1776.

Baumgartner, W. e Parnthaner, A. (1994): Influence of age, season and pregnancy upon blood parameters in Austrian Karakul sheep. Small Rum. Res., 11: 147-151.

Bearden, H. J. e Fuquay, J. W. (1992): Applied Animal Reproduction. 3ʳᵈ ed.

Englewood Cliffs: Prentice Hall, 1992, pp 273-282.

Beatty, D. T, Barnes, A., Taylor, E., Pethick, D., McCarthy, M. e Maloney, S. K. (2006): Physiological responses of *Bos taurus* and *Bos indicus* to prolonged continuous heat and humidity. J. Anim. Sci., 84- 97.

Bell, A.W. (1987): Consequences of severe heat stress for fetal development. In: Heat Stress: Physical Exertion and Environment. J.R.S. Hales e D.A.B. Richards, eds. Amsterdam: Exerpta Medica, Elsevier Science, pp. 313-333.

Beng, C. G. e Lim, K. L. (1973): Colorimetric determination of albumin in serum. Am. J. Clin. Path, 59:14- 21.

Bennetts, H. W., Underwood, E. J. e Shier, F. L. (1964): The effects of plant oestrogens on animal reproduction. Endeavour, 35: 110-114.

Bernabucci, U., Ronchi, B., Lacetera, N. e Nardone, A. (2002): Markers of oxidative status in plasma and erythrocytes of transition dairy cows during the hot season. J. Dairy Sci. 85:2173-2179.

Besong, S., Jackson, J.A., Trammell, D.S. e Amaral-Philips, D. (1996): Effect of supplemental chromium picolinate on liver triglyceride, blood metabolites, milk yield and milk composition in early-lactation cows. J. Dairy Sci., 79(suppl.1): 79.

Bianca, W. e Kunz. P. (1978): Reação fisiológica de três raças ao frio, ao calor e à altitude. Livest. Prod.Sci.5:57-69.

Biswas, P., Haldar, S., Pakhira, M.C., Ghosh. T.K., e Biswas, C. (2006): Eficiência da utilização de nutrientes e desempenho reprodutivo de novilhas leiteiras anestésicas pré-púberes suplementadas com compostos inorgânicos e orgânicos de crómio. J Sci Food Agric 86:804-815.

Bonomi A., Quarantelli A., Bonomi B.M., e Orlandi A. (1997): The effects of organic chromium on the productive and reproductive efficiency of dairy cattle (in Italy). Rivista di Scienza dell'Alimentazione, 26: 21-35

Borel, J. S., Majerus T. C., Polansky M. M., Moser P. B., Anderson R. A. (1984): Chromium intake and urinary chromium excretion of trauma patients. Biological Trace Element Research, 6:317-326.

Braden, A. W. H. e Mattner, P. E. (1970): The effects of scrotal heating in the ram on semen characteristics, fecundity and embryo mortality. Aust. J. Agric. Res 21: 509 - 518.

Bray, D.R., Beede, D.K., Bucklin R. A. e Hahn, G.L. (1992): Cooling, shade, and sprinkling, in van horn, wilcox cj (eds): Large dairy herd management. Champaign, IL, Americ. Dairy Sci. Associat., 1992, pp 655-663.

Brice, G., Leboeuf, B., e Broqua, C. (2003): La pseudogestation chez la chèvre laitière. Le Point Vétérinaire.237:50-52.

Brouk, M.J., Smith, J.F., e Harner, J.P. (2003): Effect of sprinkling frequency and airflow on respiration rate, body surface temperature and body temperature of heat stressed dairy cattle. Pp. 263-268 in Fifth International Dairy Housing Proceedings of the 29-31 January 2003 Conference (Fort Worth, Texas USA) 701P0203.

Brozostowski, H., Milewski, S., Wasilewska, A. e Tanski, Z. (1996): The influence of the reproductive cycle on levels of some metabolism indices in ewes. Arch. Vet. Polónica, 35: 53-62.

Bryan M. A., Socha M. T., e Tomlinson D. J. (2004): Supplementing intensively grazed late-gestation and early lactation dairy cattle with chromium. J. Dairy Sci., 87: 4269-4277.

Brzóska, F. e Brzóska, B. (2004): Effect of dietary selenium on milk yield of cows and chemical composition of milk and blood. Ann. Anim. Sci. 4: 57-67.

Buchanan-Smith, J. G., Nelson, E. C. e Tillman, A. D. (1969): Effect of vitamin E and selenium deficiencies on lysosomal and cytoplasmic enzymes in sheep tissues. J. Nutr. 99:387-394.

Bunting, L. D., Fernandez, J. M., Thompson, D. L. e Southern, L. L. (1994):

Influência do picolinato de crómio na utilização da glicose e nos critérios metabólicos em vitelos Holstein em crescimento. Journal of Animal Science, 72: 1591-1599.

Burke, N. C., Scaglia, G., Saker, K. E., Blodgett, D. J. e Swecker Jr. W. S. (2007): Influência do endófito consumo e stress térmico nas temperaturas intravaginais, oxidação lipídica plasmática, selénio no sangue e glutationa redox de células mononucleares em novilhas que pastam festuca alta. J. Anim. Sci. 85:2932-2940.

Burtis, C.A, Ashwood, E. R. e Bruns, D.E. (2006): Tietz textbook of clinical chemistry and molecular diagnostics. 4th ed., Elsevier Saunders, St. Louis, pp 942-956.

Burton, J. L., Nonnecke, B. J., Elsasser, T. H., Mallard, B. A., Yang, W. Z. e Mowat, D. N., (1995): Immunomodulatory activity of blood serum from chromium-supplemented periparturient dairy cows. Vet. Immunol. Immunopathol., 49(1-2): 29-38.

Campbell, R.G. (1998): O crómio e o seu papel na produção de suínos. In: Proceedings of Alltech's 14th Annual Symposium, Biotechnology in the Feed Industry, Lyons P., Jacques K.A. (eds.), Nottingham University Press, UK, 229-237.

Cannon, D. C. (1974): Examination of seminal fluid. In: <u>Todd-Sanford clinical diagnosis by laboratory methods</u>. (31): 1201-1207.

Castillo, C., Hernandez, J. R., Lopez, M., Miranda, M., Garcia-Partida, P., Benedito, J. L. (1997): Relação entre o pH venoso, o cálcio sérico e as proteínas no decurso do anoestro, da gestação e da lactação na ovelha. Arch. Tierz, Dummerstorf, 40: 257-263

Casu, S., Cappai, P. e Naitona, S. (1991): Effects of high temperature on reproduction in small ruminants. Animal Husbandry in Warm Climates (Criação de animais em climas quentes). No. 55. Publicação EAAP. pp 103-111.

Chang, X. e Mowat, D. N. (1992): Suplemento de crómio para vitelos em stress e em crescimento. J. Anim. Sci,

70(2): 559-565.

Chang X., Mallard B.A., e Mowat D.N. (1996): Effects of chromium on health status, blood neutrophil phagocytosis and in vitro lymphocyte blastogenesis of dairy cows. Veterinary Immunology and Immunopathology, 52: 37-52.

Charring, J., Humbert, J. M., Levis, J., (1992): Manual de Produção de Ovinos nos Trópicos Húmidos de África.C.A.B. International, pp.144.

Chauhan, S. S., Celi, P., Leury, B. J., e Dunshea, F. R. (2015): A suplementação com selénio e vitamina E na dieta melhora os impactos da carga de calor no estado oxidativo e no equilíbrio ácido-base em ovinos. J. Anim. Sci. 93(7):3342-3354.

Chauhan, S. S., Celi, P., Leury, B. J., Clarke, I. J. e Dunshea, F. R. (2014): Os antioxidantes dietéticos em doses supranutricionais melhoram o estado oxidativo e reduzem os efeitos negativos do stress térmico em ovinos. J. Anim. Sci., 92:3364-3374.

Chemineau, P., Baril, G., Cognie', Y., Guerin, Y., Leboeuf, B., Orgeur, P. e Vallet, J. C. (1993): Manual de formação sobre inseminação artificial em ovinos e caprinos. FAO Roma, 83: 258.

Cincovic, M. R., Belic, B., Toholj, B., Potkonjak, A., Stevancevic, M., Lako, B. e Radovic, I., (2011): Metabolic acclimation to heat stress in farm housed Holstein cows with different body condition scores. African J. Biotech, 10(50): 10293-10303.

Crepaldi, P., Corti, M. e Cicogna M. (1998): Factores que afectam a produção de leite e a prolificidade das cabras alpinas na Lombardia (Itália). Istituto di Zootecnia Generale, Facoltà di Agraria, Università degli Studi, via Celoria 2, I-20133 Milão Itália. Small Ruminant Research 32: 83-88.

Curtis, S. E. (1983): Environmental Management in Animal Agriculture. Iowa

State University Press, Ames, EUA.

Daader, A. H., Marai, I. F. M., Habeeb, A. A. M. e Yousef, H. M. (1989): Melhoria do desempenho de crescimento de vitelos frísios em condições subtropicais egípcias. I. Técnicas de arrefecimento interno utilizando diuréticos e bebendo água fresca. Actas da 3ª Conferência Egípcio-Britânica sobre Produção Animal, Peixes e Aves. Production, Universidade de Alexandria, Alexandria, Egito, 2: 595-603.

Dahlanuddin, T. H e Thwaites, C. J. (1993): Relações entre o consumo de água e de alimentos em cabras a temperaturas ambiente elevadas. J. Anim. Physiol. and Anim. Nutr., 69: 169-174.

Dangi, S. S., Gupta, M., Maurya, D., Yadav, V. P., Panda, R. P., Singh, G., Mohan, N. H., Bhure, S. K., Das, B. C., Bag, S., Mahapatra, R. K. e Sarkar, M. (2012): Perfil de expressão dos genes HSP durante diferentes estações do ano em cabras (Capra hircus). Saúde e Produção Animal Tropical. 44: 1905-1912.

Darwash, A. O., Lamming, G. E., e Woolliams, J. A. (1999): The potential for identifying heritable endocrine parameters associated with fertility in post-partum dairy cows. Anim. Reprod. Sci. 68: 333-347.

Das, K. S., Singh, J. K., Singh, G. e Nayan, V. (2013): Efeito do alívio do estresse térmico na proteína plasmática, metabólitos e perfil lipídico em búfalas Nili-Ravi em lactação sob clima tropical Indian J. Anim. Sci., 83(5): 546-549.

DaSilva, G. R, Da Costa, M. J. e Sobriaho, A. G. (1992): Influência de ambientes quentes sobre algumas variáveis sanguíneas cm ovinos. Int. J. Biometeorol, 36: 223-225.

Davis C. M., e Vincent J. B. (1997): Isolamento e caraterização de um oligopeptídeo de crómio biologicamente ativo do fígado bovino. Archives of Biochemistry and Biophysics, 339: 335-343.

Degefa, T., Ababneh, M. M., e Moustafa, M. F. (2006): Involução uterina no pós-parto da cabra Balady. Vet. Arhiv. 76:119-133.

Delgadillo, J. A., Flores, J. A., Villareal, M. J., Hoyos, G., Chemineau, P. e Malpaux B. (1998): Duração do anestro pós-parto em cabras no México subtropical: efeito da estação do parto e da duração da amamentação. Theriogenol, 49: 1209-1218.

Depew C. L., Bunting, L. D., Fernandez, J. M., Thompson, D. L. e Adkinson, R. W. (1998): Desempenho e respostas metabólicas de jovens vitelos leiteiros alimentados com dietas suplementadas com tripicolinato de crómio. J. Dairy Sci., 81: 2916-2923.

Devendra, C. (1987): Caprinos. Ed. Johnson, H. P. In: Bioclimatology and the Adaptation of Livestock. Elsevier Publication Holland. pp. 16-77.

Devendra, C. (1989): Sistemas de produção de ruminantes nos países em desenvolvimento: utilização de recursos. In: Feeding Strategies for Improved Productivity of Ruminant Livestock in Developing Countries IAEA, Viena, Áustria, pp. 5 - 30.

Devendra, C. e Burns, M. (1983): Goat production in the Tropics (Produção de cabras nos trópicos). Commonwealth Agricultural Bureaux. p183.

Devendra, C. e Coop, I. E. (1982): Ecologia e distribuição. In: Coop, I.E.(Ed.), Sheep and Goat Production World Animal Science C1. Elsevier Publishers, pp.1-14.

Dixon, R. M., Thomas, R. e Holmes, J. H. G. (1999): Interactions between heat stress and nutrition in sheep fed roughage diets. J. Agric. Sci., 132: 351-359

Dominguez-Varaa, I. A. I., Gonzâlez-Munoz, S. S., Pinos-Rodriguezc,d, M. J., Bórquez-Gasteluma, J. L., Bàrcena-Gama, R., Mendoza-Martinez, G., Zapataf, L. E., e Landois-Palencia, L. L. (2009): Efeitos da alimentação de cordeiros em acabamento com levedura de selénio e levedura de crómio sobre o crescimento, as caraterísticas da carcaça e as hormonas e metabolitos sanguíneos. Animai Feed Science and Technology 152: 42-49.

Duncan, D. B. (1955): Multiple range test and multiple F-test. Biometrics, 11: 1-

42.

Durak, I., Guven, T. Birey, M. Oztürk, H.S., Kurtipek, O. e Yel, M. (1996): Halothane hepatotoxicity and hepatic free radical metabolism in guiena pigs: Os efeitos da vitamina E. Can. J. Anaesth., 43: 741-748.

Ealy, A. D., Drost, M., Hansen, P. J. (1993): Developmental changes in embryonic resistance to adverse effects of maternal heat stress in cows. J. Dairy Sci.76:2899-2905.

El-Darawany, A. A. (1999): Melhoria da qualidade do sémen de carneiros sujeitos a stress térmico no Egito. Indian Journal of Animal Science, 69: 1020-1023.

El-Darawany, A.A., Marai, I.F.M., Elwan, K.M. e El- Tarabany, A.A. (2005): Mucus e caraterísticas hormonais em três padrões de gestação (pré, pleno e pós-termo) de cabras cruzadas da raça Núbia Egípcia (Zaraibi). Anim. Sci. J., 76: 541-547.

El-Fouly, H. A. (1969): O estudo do efeito de diferentes métodos de arrefecimento sobre o ganho de peso corporal seco, a eficiência alimentar e a atividade da glândula tiroide de bovinos e búfalos com a utilização de radioisótopos. Tese de Mestrado, Faculdade de Agricultura, Universidade Ain Shams, Cairo, Egito.

El-Fouly, H.A., Ashmawi, G.M., El-Talty, Y., Salama, O. (1984): Ovelhas Rahmani: Oestrus and mating performance as affected by season of mating and type of feed. Egyptian J. Anim. Produc., 24: 111-117.

El-Fouly, H. A., Kamal, T. H., Abou-Akkada, A. R. e Abou-Raya, A. K. (1978): Protein catabolism in heat- stressed sheep. Isotope and Radiology Research, 10 (Suppl.): 145.

El-Masry, K.A. (1987): O papel da tiroxina na melhoria da produtividade de animais submetidos a stress térmico com diferentes técnicas. Tese de Doutoramento, Fac. Agric. Zagazig Univ. Zagazig, Egito.

El-Masry, K. A., El-Fouly, H. A. e Gabr, S. A. (2001): Physiological action of chromium on some blood biochemical constituents and immune response in relation to growth performance of heat stressed calves. Egyptian J. Nutrition and Feeds, 4 (edição especial): 453-463.

EL-Nouty, F. D., Al-Haidary, A. A. e Salah, M. S. (1990): Variações sazonais nos valores hematológicos de gado Holstein de alto e médio rendimento em ambiente semi-árido. K. S. U. Agricultural Science. 2: 172-173.

El-Shafie, M. H. (1997): Reflexo da adaptação ambiental no desempenho reprodutivo em cabras indígenas e exógenas. Msc. Tese, Fac., Agric., Cario Univ., Cairo, Egito.

El-Shahat, K.H. e Abdel Monem, U.M. (2011): Efeitos da suplementação dietética com vitamina e e / ou selénio no desempenho metabólico e reprodutivo de ovelhas Baladi egípcias em condições subtropicais. World Appl. Sci. J., 12 (9): 1492-1499.

El-Sherbiny, A. A, Yousef, M. K. Salem, M. H. Khalifa, H. H. Abd El-Bary, H. T. e Khalil, M. H. (1983).

Respostas termorreguladoras de uma raça caprina desértica e não desértica. Al-Azhar Agric. Res. Bull, 89:1-11.

El-Sherif, M. M. A. e Assad, F. (2001): Changes in some blood constituents of Barki ewes during pregnancy and lactation under semi-arid conditions. Small Rumin. Res., 40: 269-277.

Elvinger, F., Natzke, R.P. e Hansen, P.J. (1992): Interações entre o stress térmico e a somatotropina bovina que afectam a fisiologia

e imunologia das vacas em lactação. J. Dairy Sci. 75: 449-462.

Emesih, G.C., Newton, G.R. e Weise, D.W. (1995): Effect of heat stress and oxytocin on plasma concentration of progesterone and 13, 14 dihydro-15-keptoprostaglandin F2α in goats. Small Ruminant Research, 16: 133-139.

Eren, M. e Baspinar, N. (2004): Effects of dietary CrCl3 supplementation on some serum biochemical markers in broilers. Influência da estação, idade e sexo. Revue Méd. Vét., 155 (12): 637-641.

Esa, R., A. (2011): Efeito da suplementação com vitamina E e selénio na eficiência reprodutiva e na resposta imunitária de cabras Baladi no sul do Sinai. Tese de doutoramento, Women's Collage for Arts, Science and Education, Ain Shams Univ., Cairo, Egito.

Fahmy, S. (1994): Efeito do cruzamento de ovelhas Romanov com ovelhas Rahmani em alguns desempenhos fisiológicos e produtivos. Tese de Mestrado. Fac. Agric. Al-Azhar Univ., Cairo, Egito.

Fateta, A., Maria-Teresa, P. e Leboeu, B. (2011): Ciclo reprodutivo dos caprinos. Anim. Repr. Sci., 124: 211-219.

Faurie, A. S., Mitchell, D., Laburn, H. P. (2001): Relações feto-maternas em cabras durante a exposição ao calor e ao frio. Exp. Physiol. 86:199-204.

Finocchiaro, R., van der Kaam, J.B.C.H.M., Portolano, B. e Misztal, I., (2005): Effect of heat stress on production of Mediterranean dairy sheep. In: J. Dairy Sci.,88: 1855-1864.

Flamenbaum, I., Wolfenson, D., Mamen, M. e Berman, A. (1986): Arrefecimento de gado leiteiro através de uma combinação de aspersão e ventilação forçada e sua implementação no sistema de abrigo. J. Dairy Sci., 69: 3140 - 147.

Fletcher, I. C. e Geytenbeek, P. E. (1970): Variações sazonais na atividade ovariana da ovelha Merino. Australian Journal of Experimental Agricultural Animal Husbandry, 10: 267-284.

Fuquay, J. W. (1981): Heat stress as it effects animal production. J. Anim. Sci.52:164-174.

Gabr, M. G., Aboul-Naga, A. M., Aboul-Ela, M. B. e El- NahIa, S. M. (1989): Taxa de variação sazonal, tamanho da ninhada e desperdício de óvulos em ovelhas

Rahmai e Ossimi locais. Actas da 3rd Egyptian-British Conference on Animal, Fish and Poultry Production, Alexandria, Egito.

Gabryszuk, M. e Klewiec, J. (2002): Effect of injecting 2- and 3-year-old ewes with selenium and selenium-vitamin E on reproduction and rearing of lambs. Small Rumin. Res., 43: 127-132.

Ganie, A. A., Baghel, R. P.S., Mudgal, V., Aarif, O. e Sheikh, G.G. (2014): Efeito da suplementação de selénio no desempenho reprodutivo e perfil hormonal em novilhas búfalas. Indian. J. Anim. Res. 48 (1): 27-30.

Ganong, W. F. (2001): Revisão de fisiologia médica. In: <u>Lange Medical books/Mc</u> Graw hill Medical Publishing division, 246.

Garcia M.R., Newcomb M.D., e Trout W.E. (1997): Effects of dietary chromium picolinate supplementation on glucose tolerance and ovarian and uterine function in gilts. J. Anim. Sci., 75 (Suppl. 1): 82.

Garg, D. P., Kiran, R., Bansal, A.K. Malhotra, A., Dhawan, D.K. (2008): Papel da vitamina E na atenuação da toxicidade aguda induzida pelo metomil no sangue de ratos Wistar machos. Drug and Chemical Toxicology 31:487-99.

Gendelman, M., Aroyo, A., Yavin. S. e Roth, Z. (2010): Efeitos sazonais na expressão de genes, tempo de clivagem e competência de desenvolvimento de embriões bovinos pré-implantação. Reprodução 140, 73-82.

Gentry, L. R., Fernandez, J. M., Ward, T. L., White, T. W., Southern, L. L., Bidner, T. D., Thompson, Jr. D. L.,

Horohov, D. W. Chapa, A. M. e Sahlu, T. (1999): Dietary Protein and Chromium Tripicolinate in Suffolk Wether Hoggets: Effects on Production Characteristics, Metabolic and Hormonal Responses, and Immune Status, J. Anim. Sci. 77:1284-1294.

Gilad, E., Meidan, R., Berman, A., Graber, Y. e Wolfenson, D. (1993). Effect of heat stress on tonic and GnRH-induced gonadotrophin secretion in relation to concentration of oestradiol in plasma of cyclic cows. J. Reprod. Fertil. 99: 315-

321.

Goto, Y., Noda, Y., Narimoti, K., Umaoka, Y. e Mori, T. (1992): stress oxidativo no desenvolvimento invitro de embriões de rato. Free Radical Biology and Medicine 13: 47-53.

Greyling, J. P. (1988): Fisiologia reprodutiva da cabra Boer. Tese de doutoramento. Universidade de Stellenbosch, África do Sul.

Greyling, J. P. C. (2000): Traços de reprodução na corça do javali. Small Rumin. Res. 36, 171-177.

Greyling, J. P. C. e Van Niekerk, C. H. (1991): Macroscopic uterine involution in the postpartum Boar goat. Small Rumin. Res. 4: 277-283.

Griffiths, R.G., Gunn, R.G., e Doney, M.J. (1970): Influence of climate stress and season on reproductive performance of ewes. J. Agric. Camb. 75: 485 - 488.

Gudev, D., Popova-Ralcheva, S., Moneva, P., Aleksiev, Y., Peeva, T., Ilieva, Y. e Penchev, P. (2007): Effect of heat-stress on some physiological and biochemical parameters in buffaloes. Ital. J.Anim. Sci., 6(2): 1325-1328.

Gupta, M., Kumar, S., Dangi, S. S. e Jangir, B. L. (2013): Respostas fisiológicas, bioquímicas e moleculares ao stress térmico em cabras. *Int. J. Livest. Res.*, 3 (2): 27-38.

Gupta, S., Gupta, H. K e, Jyoti Soni, H. (2005): Effect of Vitamin E and selenium supplementation on concentrations of plasma cortisol and erythrocyte lipid peroxides and the incidence of retained fetal membranes in crossbred dairy cattle. Theriogenology 64:1273-1286.

Gursu, M. F., Sahin, N. e Kucuk, O. (2003): Effects of vitamin E and selenium on thyroid status, adrenocorticotropin hormone, and blood serum metabolite and mineral concentrations of Japanese quails reared under heat stress (34°C). J. Trace Elem. Exp. Med. 16:95-104.

**Guzeloglu, A., Ambrose, J. D., Kassa, T., Diaz, T., Thatcher, M. J., e

Thatcher, W. W. (2001): Long term follicular dynamicsand biochemical characteristics of dominant follicles in dairy cows subjected to acute heat stress. Anim. Reprod. Sci. 66:15-34.

Habeeb, A. A. M., (1987): O papel da insulina na melhoria da produtividade do calor de animais de fazenda estressados pelo calor com diferentes técnicas. Tese de Doutoramento, Fac. Agric. Zagazig Univ. Zagazig, Egito.

Habeeb, A. A. M., Marai, I. F. M. e Kamal, T. H. (1992): Heat stress. In: C. Philips e D. Piggens, editores, Farm animals and the environment. CAB International, Wallingford, Reino Unido. p. 27-47.

Habeeb, A. A, El-Masry, K. A., Aboul-Naga, A. I. e. Kamal, T. H. (1996): O efeito do clima quente de verão e do nível de produção de leite na bioquímica sanguínea e nas hormonas circulantes da tiroide e da progesterona em vacas Frísias. Arab J. Nucl Sci Appl., 29: 161-173.

Habeeb, A. A. M., Teama, F. E. I. e El-Tarabany, A. A. (2012): Efeito da adição de selénio e vitamina "e" à dieta nas caraterísticas reprodutivas de cabras Zaraibi fêmeas e no crescimento dos seus filhos. Isotope & Rad. Res., 44(3): 693-709.

Hadden, J. W. (1987): Modulação neuroendócrina do sistema imunitário dependente do timo. Ann NY Acad Sci.; 496: 39.

Haenlein, G.F.W, Anke, M. (2011): Pesquisa de minerais e oligoelementos em caprinos: Uma revisão. Small Ruminant Research, 95: 2-19.

Hagen, C. D., Lindemann, M. D. Purser, e K. W. (2000): Effect of dietary chromium tripicolinate on productivity of sows under commercial conditions. Swine Health Prod.8:59-63.

Haldar, S., Samanta, S., Banarjee, R., Sharma, B e Ghosh, T. K. (2007): Glucose tolerance and serum concentrations of hormones and metabolites in goats (Capra hircus) fed diets supplemented with inorganic and organic chromium salts. Animal 1:347-356.

Hall, A. B., Young, B. A., Goodwin, P. J., Gaughan, J. M., Davison, T., Bottcher, W. e Hoff, S. J. (1997): Alívio da carga de calor excessiva na vaca leiteira de alta produção. Ambiente pecuário. Actas do 5th simpósio internacional, Bloomington, Minnesota, EUA. Pp 928 - 935.

Hamam, A. M. e. Abou-Zeina, H. A. (2007): Efeito dos Suplementos de Vitamina E e Selénio nos Marcadores Antioxidantes e no Estado Imunitário em Ovinos. J. Biol. Sci., 7: 870-878.

Hamliri, A., Olson, W.G., Kessabi, M. e Johanson, D.W. (1991): Deficiência de selénio em ovinos em Marrocos. prophylaxis, 5: 9-12.

Hammond, A. C., e Olson, T. A. (1994): Temperatura retal e tempo de pastejo em raças selecionadas de gado de corte sob condições tropicais de verão na Flórida subtropical. Trop. Agric. 71:128.

Hansen, J. P. (2009): Effects of heat stress on mammalian reproduction (Efeitos do stress térmico na reprodução dos mamíferos). Phil.Trans. R. Soc. B., 364: 3341-3350.

Harper, H. A., Rowell, V.W. e Mayes, P.A. (1979): Revisão de química fisiológica. 17th ed. PP. 511. Middle East Edition, Lange medical publications, Beirute, Líbano.

Harper, P. S., Williams, E. M., e Sunderland, E. (1977): Genetic markers in Welsh gypsies (Marcadores genéticos em ciganos galeses). J. Med. Genet., 14 (3): 177-182.

Harrison, J. H., Hannock, D. D. e Conrad, H. R. (1984): Vitamina E e selénio para a reprodução da vaca leiteira. J. Dairy Sci. 67: 123.

Hartley, W. J., e Grant, A. B. (1961): A review of selenium responsive diseases of New Zealand livestock. Fed. Proc. 20:679-688.

Hassan, G. A. (1989): Physiological responses of anglo-nubian and Baladi goats and their crossbreds to water deprivation under sub-tropical conditions. Livestock Prod. Sci.,22: 295-304.

Hassan, G. A., El-Nouty, F. D., Samak, M. A. e Salem, M. H. (1986): Relação entre a produção de leite e alguns constituintes do sangue em cabras Baladi egípcias. Beitrage Trop. Landwirtsch. Veterinarmed. 2:213-219.

Hassanin, S. H, Abdalla, E. B., Tharwat, A. A., El-sherbiny, A. A. e Kotby, E. A. (1996): Effect of kidding season on some blood constituents, milk yield and milk composition of Egyptian Zaraibi goats. Monofia J. Agric. Res., 21(2): 329-341.

Haumesser, J. B. (1975): Quelques aspects de la reproduction chez la chèvre rousse de Maradi. Comparação com outras raças tropicais ou subtropicais. Rev. Elev. Med. Vet. pays. Trop. 28(2): 225-234.

Haumesser, J. B. e Gerbaldi, P. (1980): Observations sur la reproduction et l'élevage du mouton Oudah Nigérien. Rev. Med. Vet. pays Trop. 33(2): 205-213.

Hein, K.G, e Allrich, R.D, (1992): Influence of exogenous adrenocorticotropic hormone on estrous behavior in cattle (Influência da hormona adrenocorticotrópica exógena no comportamento do estro em bovinos). J. Anim. Sci., 70:243-247.

Helal, A., Hashem, A.L.S., Abdel-Fattah, M.S. e El-Shaer (2010): Efeitos do stress térmico nas caraterísticas da pelagem e nas respostas fisiológicas das cabras Balady e Damasco no Sinai Egito. Am. Eur. J. Agric. & Envir. Sci. 7(1): 60-69.

Hermiz, H.N., Al-Amily, H.J. e Assak, E.A. (1997): Alguns parâmetros genéticos e não genéticos para caraterísticas de crescimento pré-desmame em cabras Angorá. Dirasat. Agric. Sci., 24:182-188.

Hesselink, J. W. (1993): Incidência de hidrometra em cabras leiteiras. The Veterinary Record. 132: 110-112.

Hirayama, T., Katoh, K. e Obara, Y. (2004): Effects of heat exposure on nutrient digestibility, rumen contraction and hormone secretion in goats. Anim. Sci. J. 75:237-243.

Howell, J. L., Fuquay, J. W., Smith, A. E. (1994): Corpus luteum growth and function in lactating Holstein cows during spring and summer. J. Dairy Sci.77:735-739.

Hulet, C. V. e Shelton, M. (1980): Ovinos e caprinos. In: <u>Reproduction in Farm Animals</u>. 4th ed, ESE Hafez (ed). Lea and Febiger, Philadelphia, pp 346-357.

Husain, S. S., Horst, P. e Islam, A.B.M. (1996): Study on the growth performance of Black Bengal goats in different peri-ods. Small Rumin. Res. 21:165-171.

Ibrahim, W., Tatumi, V., Yeh, C. C., Hong, C. B., Chow, C. K., (2008): Efeitos da carnosina dietética e da vitamina E no estado antioxidante e oxidativo de ratos. International Journal of Vitamins and Nutrition Research, 78:230-7.

Ismail, R. A. (2013): Desempenho reprodutivo de carneiros Ossimi na época de verão sob diferentes estratégias de melhoria do stress térmico. Tese de Mestrado, Fac. Agric., Fayoum Univ., Fayoum, Egito.

Jainudeen, M. R. e Hafez, E. S. E. (1987): Sheep and goats. Em Reproduction in Farm Animals, editado por E.S.E. Hafez. 5ª edição, LEA & Febiger, Philadelphia.

Jainudeen, M. R. e Hafez, E. S. E. (1989): Gestação, fisiologia pré-natal e parto. Em E.S.E. Hafez (Editor), Artificial Domestic Animal reproduction and Insemination. 5ª ed., Interamericana, México, pp. 203-224.

Jainudeen, M. R. e Hafez, E. S. E., (1994): Gestação, fisiologia pré-natal e parto. In: Hafez, E.S.E. (Ed.), <u>Reproduction in Farm Animals</u>. Lea & Febiger, Philadelphia, pp. 247-283.

Jeejeebhoy, K.N., Chu, R.C., Marliss, E.B., Greenberg, G.R, Bruce-Robertson, A. (1977): Deficiência de crómio, intolerância à glicose e neuropatia revertidas pela suplementação de crómio num paciente que recebe nutrição parentérica total a longo prazo. Am. J. Clin. Nutr., 30:531-538.

Jessica, H e Lewis, M. D. (1976): Relatórios e notas selecionados. Hematologia comparada: estudos em caprinos. Anim. J. Vet. Res., 37: 601-605.

Johnson, H.D. (1987): Bioclimatology and the Adaptation of Livestock, editado por H.D. Johnson. Elsevier Science, Publishers BV5, Amesterdão-Oxford-Nova Iorque - Tóquio.

Jonsson, N. N., McGowan, M. R., McGuigan, K., Davison, T. M., Hussain, A. M., Matschoss, M. (1997): Relationships among calving season, heat load, energy balance and postpartum ovulation of dairy cows in a subtropical environment. Anim. Reprod. Sci.47 :315-326.

Jordan, E. R. (2003): Efeitos do stress térmico na reprodução. J. Dairy Sci. 86: E. Suppl: E104-114.

Kalmath, G.P., Narayana Swamy, M e Yathiraj S. (2015): Efeito do stress de verão e suplementação de vitamina e e selénio no perfil lipídico sérico em bovinos Hallikar. Intr. J. Sci. Res., 4(9):95-97.

Kamada, H., Nonaka, I., Takenouchi, N. e Amari, M. (2014): Efeitos da suplementação de selénio nas concentrações plasmáticas de progesterona em novilhas prenhes. Anim. Sci. J. 85(3):241-246.

Kamal, T. H. (1982): Water turnover rate and total body wter as affected by different physiological factors under Egyptian environmental conditions. Proc. Symp., Nairobi, 1979, IAEA, Viena, 1982, 143.

Kamal, T. H e Johnson, H. D. (1971): Total body solids loss as a measure of a short-term heat stress in cattle. J. Anim. Sci. 32:306-31.

Kamal, T. H., Habeeb, A. A., Abdel-Samee, A. M. e Abdel-Razik, M. A. (1989): Suplementação de vacas Friesian em stress térmico com ureia e mistura mineral e o seu efeito na produção de leite, em regiões subtropicais. Actas do Simpósio Internacional sobre as Restrições e Possibilidades da Produção de Ruminantes nos Subtropicais Secos. Cairo, Egito. pp 183-185.

Kamal, T. H., Johnson, H. D. e Ragsdale, R. C. (1962): Reacções metabólicas durante o stress térmico (35 a 95°F) em animais leiteiros aclimatados a 50 e 80°F. Missouri Agricultural Experimental Station, Research Bulletin No. 785.

Kamal, T.H., Kotby, E.A. e El-Fouly, H.A. (1972): Total body solids gain and thyroid activity as influenced by goitrogens, diuretics, sprinkling and air cooling in heat stressed Water Buffaloes and Friesians. In: Isotopes Studies in the Physiology of Domestic Animals. Actas da Agência Internacional da Energia Atómica, Viena, pp. 177-182.

Karakilcik, A. Z., Hayat, A., Aydilek, N., Zerin, M. e Cay, M. (2005): Efeitos da vitamina C nas enzimas hepáticas e parâmetros bioquímicos em ratos anestesiados com halotano. Gen. Physiol. Biophys., 24: 47-55.

Kegley, E.B., Spears, J.W. e Eisemann, J.H. (1997): Desempenho e metabolismo da glucose em vitelos alimentados com um complexo de ácido crómio-nicotínico ou cloreto de crómio. J. Dairy Sci., 80: 1744-1750.

Kelly, R.W. (1986): Desperdício reprodutivo em ovelhas. J. Agric. 27 (1): 22 - 26.

Khaled, M. M. K., Arbid, M. S. e El-Gendy, N. F. I. (2009): O Efeito Protetor de Alguns Antioxidantes contra o Efeito Tóxico do Extrato Alcoólico de Feijão Faba em Ratos Albinos. Rev. Latinoamer. Quim., 37 (3):181-193.

Khalifa, H. H.; El-Sherbiny, A. A. e Abdel-Khalik, T. M.

M., (2000): Efeito da exposição à radiação solar em alguns mecanismos fisiológicos adaptativos de cabras egípcias. Proc. Conf. Anim. Prod. In the 12st Century, Sakha, 18-20 de abril de 2000, pp. 297-305.

Khalili, M., Foroozandeh, A. D., e Toghyani, M. (2011): Desempenho da lactação e bioquímica sérica de vacas leiteiras alimentadas com crómio suplementar no período de transição. Afr. J. Biotechnol. 10:1034-10310.

Khan, M. S. e Ghosh, P. K. (1989): Physiological responses of desert sheep and goats to grazing during summer and winter (Respostas fisiológicas de ovelhas e cabras do deserto ao pastoreio durante o verão e o inverno). Ind. J. Anim. Sci., 59 (5): 600-603.

Khan, H.M., Mohanty, T.K., Bhakat, M., Gupta, A.K., Tyagi, A.K. e Mondal,

G. (2015): Efeito da suplementação de vitamina e e minerais no perfil bioquímico e desempenho reprodutivo de búfalos. Buffalo Bulletin, 34(1):63-78.

Khanum, S. A., Hussein, M. e Kausar, R. (2007): Assessment of reproductive parameters in female Dwarf goat (Capra hircus) on the basis of progesterone profiles. Animal Reproduction Science, 102: 267-275.

Kimothi S.P. e Ghosh C.P. (2005): Strategies for ameliorating heat stress in dairy animals. Dairy Year book. 371-377.

Kinne, M. (2000): One + one shouldn't = One in Pigmy Goats. http://kinne.net/1plusl.htm.

Kobeisy, M. A., Soliman, I. A. e Abdulaziz, M. A. (2004): Influência da suplementação com crómio na resposta termorespiratória e em alguns parâmetros sanguíneos de ovinos expostos a exercício sob luz solar direta. Egyptian J. Anim. Prod., 41:405-410.

Kornegay, E. T., Wang, Z., Wood, C. M. e Lindemann, M.D. (1997): Supplemental chromium picolinate influences nitrogen balance, dry matter digestibility and carcass traits in growing-finishing pigs. J. Anim. Sci., 75: 1319-1323.

Koushish, S.K., Sengupta, B.P. e Georgie, G.C. (1997): Effect of thermal stress and water restriction on cortisol level of Beetal and Black Bengal goats. Indian J. Anim. Sci., 67: 1104 1105.

Koyuncu, M., e Yerlikaya, H. (2007): Effect of seleniumvitamin E injections of ewes on reproduction and growth of their lambs. S. Afr. J. Anim. Sci. 37:233-236.

Krajnicakova, M., Kovac, G., Kostecky, M., Valocky, I., Maracek, I., Sutiakova, I. e Lenhardt, L. (2003): Selected clinical-biochemical parameters in the puerperal period of goats, Bulletin of Veterinary Institute Pulawy. 47: 177-182.

Kumar, A. (2005): Estado dos marcadores de stress oxidativo em eritrócitos de bovinos e búfalos expostos ao calor. Tese de mestrado. NDRI, Deemed Univ.

Karnal, Índia.

Kumar, M., Jindal, R. e Nayyar, S., (2012): Perfil fisiológico e bioquímico de cabras stressadas no verão. Indian Vet. J., 89(8): 38-40.

Kumar, N., Garg, A. K., Dass, R. S., Chaturvedi, V. K., Mudgal, V. e Varshney, V. P. (2009): Selenium supplementation influences growth performance, antioxidant status and immune response in lambs. Anim. feed Sci. Technol., 153 (1): 77-87.

Kumar, P. e Singh, K. (1994): Effect of shearing on thermoadaptability in goats of arid and semi-arid zone of India. Indian J. Anim Sci., 64: 290-294.

Kurihara, M. e Shioya, S. (2003): Gestão de gado leiteiro num ambiente quente. Centro de Tecnologia de Alimentos e Fertilizantes, Exten. Boletim. http://www.agnet.org/library/eb/529/

Laburn, H.P., Faurie, A., Goelst, K., Mitchell, D. (2002): Effects on fetal and maternal body temperatures of exposure of pregnant ewes to heat, cold, and exercise. J. Appl. Physiol. 92:802-808.

Lacetera, N., Tuscia, D. L., Ronchi, B., Bernabucci, U., Scalia, D. e Nardone, A. (2002): Periparturient immune response in heat-stressed dairy cows fed supplemental chromium tripicolinate. 15th Conf. on Biometeorology/Aerobiology e 16th International Congress of Biometeorology. (Resumo).

Lamming, G. E. e Royal, M. D. (2001): Padrões hormonais do ovário e subfertilidade em vacas leiteiras. In: Diskin MG, editor. Fertility in the high producing dairy cow, BSAS Endiburgh: Publicação Ocasional. 26:105-118

Lammoglia, M. A., Holloway, J. W., Lewis, A. W., Neuendorff, D. A. e Randel, R. D. (1995): Influence of maternal and service-sire breed on serum progesterone and estrogen before calving and plasma 13,14-dihydro-15-keto-prostaglandin F2a after calving. J. Anim. Sci. 73:1167.

Langlands, J. P., Donald, G. E., Bowles, J. E. e Smith, A. J. (1991): Subclinical selenium insufficiency. 1. Selenium status and the response in live weight and wool production of grazing ewes supplemented with selenium. Aust. J. Exp. Agric. 31:25-31.

Laven, R. A. e Peters, A. R. (1996): Bovine retained placenta: aetiology, pathogenesis and economic loss. Vet Rec., 139:465-471.

Lien, T. F., Horng, Y. M. e Yang, K. H. (1999): Performance, caraterísticas séricas, caraterísticas da carcaça e metabolismo lipídico de frangos de carne afectados pelo suplemento de picolinato de crómio. Brit. Poultry Sci., 40: 357-363.

Lindemann M.D. (1996): Crómio orgânico - o elo perdido na nutrição dos animais de criação? Feeding Times, 1: 8-16.

Lindemann, M. D. (1999): Chromium and swine nutrition. The Journal of Trace Elements in Experimental Medicine. 12(2): 149-161.

Lindemann M. D., Harper A. F. e Kornegay E.T. (1995a): Further assessment of the effects of supplementation of chromium from chromium picolinate on fecundity in swine. J. Anim. Sci., 73 (Suppl. 1):185 (Abstr.).

Lindemann M. D., Wood C. M., Harper A. F., Kornegay E. T., e Anderson R. A. (1995b): As adições de picolinato de crómio na dieta melhoram o ganho/alimentação e as caraterísticas da carcaça em suínos em crescimento e terminação e aumentam o tamanho da ninhada em porcas reprodutoras. J. Anim. Sci., 73: 457-465.

Lindemann M. D., Carter S. D., Chiba L.I., Dove C. R., LeMieux F. M. e Southern L. L. (2004): A regional evaluation of chromium tripicolinate supplementation of diets fed to reproducing sows. J. Anim. Sci., 82: 2972-2077.

Lindemann, M. D., Hall, R. E. e Purser, K. W. (2000): Utilização de tripicolinato de crómio para melhorar os suínos nascidos vivos confirmados em porcas multíparas. Proc. Amer. Assoc. Swine Prac. (31st Ann. Meeting, 11-14 de março, Indianapolis, IN): 133-137.

Liu, F., Jeremy, J., Cottrell, J. J., Wijesiriwardana, D., Kelly, W. F., Celi, P.,

Leury, J. B., e Dunshea, R.F. (2015): A suplementação com crómio alivia o stress térmico em suínos em crescimento. J. Dairy Sci. Vol. 98, Suppl. 2.

Lott, J.A. (1975): Determinação da glucose. Clin. Chem., 21: 1754.

Louise, N., (2003): Alterações pós-parto nas hormonas e metabolitos durante o início da lactação em vacas Holstein com partos no verão e no inverno. Tese de Mestrado, Departamento de Ciência Animal, Faculdade de Pós-Graduação da Universidade Estadual da Carolina do Norte, Raleigh, NC, EUA.

Lowe, T. E., Gregory, N., G., Fisher, A., D. e Payne, S., R. (2002): The effects of temperature elevation and water deprivation on lamb physiology, welfare, and meat quality. Austr. J. Agric. Res., 53: 707-714.

Lu, C.D. (1989): Effects of heat stress on goat production. Small Rumin. Res. 2: 151-162.

Lussier, T. G., Matton, P. e Dufour, J. J. (1987): Taxa de crescimento dos folículos no ovário da vaca. J Reprod. Fertil. 8: 301-307.

Lyimo, Z. C., Nielen, M., Ouweltjes, W., Kruip, T. A. M. e Van eerdenburg, F. J. C. M. (2000): Relação entre estradiol, cortisol e intensidade do comportamento do estro em vacas leiteiras. Therio. 53:1783.

Macfarlane, W. V, Morris, R. J. H., Howard, B. McDonald, J. e Oebudtz-Olsen (1996): Water and electrolyte changes in tropical Merino sheep exposed to dehydration during summer. Aust. J. Agric. Res., 12: 889.

Mahmoud, G. B., Abdel-Raheem, S. M., e Hussein, H. A. (2013): Efeito da combinação de injeções de vitamina E e selénio no desempenho reprodutivo e nos parâmetros sanguíneos de carneiros Ossimi. Small Rumen. Res., 113:103- 108.

Malik, M., Hussain, S., Malik, F., Sultan, T., Ali, H., Abbasi, N. e Usmanghani, K. (2011): O efeito do crómio suplementar na dieta sobre a glicose no sangue, o peso corporal e as enzimas hepáticas de coelhos. J. Med. Plant. Res. 5(16):3940-3945.

Mann, G. E., Lamming, G. E., Robinson, R. S. e Wathes, D. C. (1999): A regulação da produção de interferão-tau e dos receptores hormonais uterinos durante o início da gravidez. J. Reprod. Fertil. 54: 317-328.

Marai, I. F. M. e Habeeb, A. A. M. (1998): Adaptabilidade do gado *Bos taerus* em condições de clima quente. Anais da Zona Árida, 37:253-281.

Marai, I. F. M, Ayyat, M. S., Gabr, H. A. e Abdel-Monem, U. M. (1996): Effects of heat stress and its amelioration on reproduction performance of New Zealand White adult female and male rabbits, under Egyptian conditions. Actas do 6th World Rabbit Congress, Toulouse, França, 2: 197-207.

Marai, I. F. M., Bahgat, L. B., Shalaby, T. H., e Abdel-Hafez, M. A. (2000): Desempenho da engorda, alguns traços comportamentais e reacções fisiológicas de cordeiros machos alimentados apenas com uma mistura de concentrados com ou sem argila natural no verão quente do Egito. Annals of Arid Zone (Índia), 39: 449-460.

Marai, I. F. M., Daadar, A.H., Abdel-Samee, A. M. e Ibrahim, H. (1992). Alguns tratamentos para aliviar o stress térmico em vacas Friesian e Holstein em lactação durante o inverno e o verão na província de Sharkeya. Egypt J. Appl. Sci., 7: 700 - 715.

Marai, I. F. M., Daader, A. M., Abdel-Samee, A. M. e Ibrahim, H. (1997): Efeitos do inverno e do verão e sua amealhação em vacas Friesian e Holstein em lactação mantidas em condições egípcias. In: Actas da Conferência Internacional sobre Produção e Saúde de Animais, Aves de Capoeira, Coelhos e Peixes, Cairo, Egito.

Marai, I. F. M., El-Darawany, A. F. e Abdel-Hafez, M. A. M. (2007): Traços fisiológicos afectados pelo stress térmico em ovinos. A review. Small rumin. Res., 71: 1 - 12.

Marai, I. F. M., El- Darawany, A. A., Abou-Fandoud, E. I. e Abdel-Hafez, M. A. M. (2006): Componentes séricos do sangue durante as fases de pré-estro, estro e gestação em Suffolk egípcio, afectados pelo stress térmico, nas condições do Egito. Egyptian Journal of Sheep, Goats and Desert Animals Science, 1: 47-62.

Marai, I. F. M., El-Darawany, A. A., Abou-Fandoud, E. I. e Abdel-Hafez, M. A. M. (2004): Caraterísticas reprodutivas e antecedentes fisiológicos das variações sazonais em ovelhas Suffolk egípcias nas condições do Egito. Annals of Arid Zone, 42: 1-9.

Marai, I. F. M., El-Darawany, A. F., Fadiel, A. e Abdel-Hafez, M. A. M. (2008): Caraterísticas do desempenho reprodutivo afectadas pelo stress térmico e sua atenuação em ovinos. Tropical and Subtropical Agroecosystems, 8: 209 - 234.

Marai, I. F. M., Habeeb, A. A. M., Daader, A. H. e Yousef, H. M. (1995): Efeitos das condições subtropicais do Egito e das técnicas de alívio do stress térmico por aspersão de água e anforéticos no crescimento e nas funções fisiológicas de vitelos frísios. J. Arid Environ, 30: 219 - 225.

Maurya, V. P., Naqvi, S. M. K. e Mittal, J. P. (2004): Effect of dietary energy level on physiological responses and reproductive performance in Malpura sheep in hot semi-arid region of India. Small Rumin. Res. 55:117-122.

Mavi, P. S., Pangaonkar, G. R. e Sharma, R. K. (2006): Effect of vitamin E and selenium on postpartum reproductive performance of buffaloes. Indian J. Anim. Sci., 76(4): 308-310.

McDowell, L. R., Williams, S. N., Hidiroglou, N., Njeru C. A., Hill G. M., Ochoa L., Wilkinson N. S. (1996): Vitamin-E supplementation for the ruminants. Anim. Feed Sci. Technol., 60: 273-296.

McKenzie, R. C., Rafferty, T. S., Beckett, G. J. e Arthur, J. R. (2001): Efeitos do selénio na imunidade e no envelhecimento. *Em* DL Hatfield, ed., Selenium, Its Molecular Biology and Role in Human Health. Kluwer Academic Publishers, Boston, pp 257-272.

Mellado, M. e Meza-Herrera, C.A. (2002): Influência da estação e do ambiente na fertilidade de cabras num ambiente quente-árido. J. Agric. Sci. Camb. 138: 97

- 102.

Mellado, M., Vera, T., Meza-Herrera, C. e Ruiz, F. (2000): Uma nota sobre o efeito da temperatura do ar durante a gestação no peso ao nascer e na mortalidade neonatal de cabritos. J. Agr. Sci. 135:91-94.

Mertz W. (1992): Chromium: history and nutritional importance. Biological Trace Element Research, 32: 3-8.

Meschy, F. (2000): Progressos recentes na avaliação das necessidades minerais dos caprinos. Livest. Prod. Sci., 64:9-14.

Mia, M. M., Khandoker, M. A., Husain, S. S., Faruque, M. O., Notter, D. R. e Haque, M. N., (2013): Avaliação genética de caraterísticas de crescimento de cabras Black Bengal. Iranian J. Appl. Anim. Sci., 3(4): 845-852.

Minka, N. S., e Ayo, J. O. (2012): Avaliação da carga térmica em cabras transportadas administradas com ácido ascórbico durante as condições quente-seca. Int. J. Biometeorol. 56:333-341.

Mitchell, L. M., Ranilla, M. J., Quintans, G., King, M. E., Gebbie, F. E. e Robinson, J. J. (2003): Effect of diet and GnRH administration on post-partum ovarian cyclicity in autumnlambing ewes. Animal Reproduction Science, 76: 67-79.

Mohamad, S.S. e Abdelatif, (2010): Efeito da alimentação e da estação do ano na regulação térmica e nas caraterísticas do sémen de carneiros do deserto. Global Vet. 4: 207-215.

Mohamed, A. (2000): estudo do pelo das cabras e sua relação com alguns fenómenos de adoção em condições egípcias. Tese de Mestrado, Fac., Agric., Al-Azhar Univ., Cairo, Egito.

Mohri, M., Ehsani, A., Norouzian, M. A., Bami, M. H. e Seifi, H. A., (2010): Suplementação parenteral de selénio e vitamina E em cordeiros: hematologia, bioquímica sérica, desempenho e relação com outros oligoelementos. Biol. Trace Elem. Res., 139(3): 308-316.

Mokhtar, M.M., Abdel-Bary, H.T. e El-Sharabasi, A.M. (1991): Variação sazonal na fertilidade de ovelhas mestiças. Egito. J. Anim. Produ., 28: 31-38.

Moonsie-Shageer, S. e Mowat, D.N. (1993): Effect of level of supplemental chromium on performance, serum constituents, and immune status of stressed feeder calves. Anim. Sci., 71 (1): 232-238.

Mowat, D.N. (1994): Crómio orgânico: um novo nutriente para animais em stress. In: Proceedings of Alltech's 10th Annual Symposium, Biotechnology in the Feed Industry, Lyons P., Jacques K. A. (eds.), Nottingham University Press, UK, 275-282.

Mowat, D.N., Chang, X., Yang, W.Z. (1993): Chelated chromium for stressed feeder calves. Can. J. Anim. Sci., 73, 49-55.

Munck, A., Guyre, P. M. e Holbrook, N. J. (1984): Flutuações fisiológicas dos glucocorticóides no stress e sua relação com as acções farmacológicas. Endocr. Rev., 5:25-44.

Muftoz C., Carson A. F., McCoy, M.A., Dawson, L. E., Irwin, D., Gordon, A. W. e Kilpatrick, D. J. (2009); Effect of supplementation with barium selenate on the fertility, prolificacy and lambing performance of hill sheep. Vet Rec 164(9): 265-71.

Muftoz, C., Carson, A. F., McCoy, M. A., Dawson, L. E. R. O'Connell, N. E. e Gordon, A. W. (2008): Nutritional status of adult ewes during early and mid-pregnancy. 2. Effects of supplementation with selenised yeast on ewe reproduction and offspring performance to weaning. Animal 2:64-72.

Mwaanga E. S. e Janowski, T. (2000): Anoestrus em vacas leiteiras: causa, prevalência e formas clínicas. Reprod. Dom. Anim. 35: 193-200.

Nayyar, S. e Jindal, R. (2010): Essentiality of antioxidant vitamins for ruminants in relation to stress and reproduction (Essencialidade das vitaminas antioxidantes para ruminantes em relação ao stress e à reprodução). Irão. J. Vet. Res., 11(1): 1-

9.

Naziroglu, M. (1999): Protective role of intraperitoneally administered vitamin E and selenium in rats anesthetized with enflurane. Biol. Trace Elem. Res., 69: 199-209.

Netke, S. P., Roomi, M. V., Tsao, C. e Niedzwiecki, A. (1997): O ácido ascórbico protege as cobaias da toxicidade aguda da aflatoxina. Toxicol. Appl. Pharmacol, 143: 429-435.

Nikkhah, A., Mirzaei, M., Khorvash, M., Rahmani, H. R. e Ghorbani, G. R. (2011): O crómio melhora a produção e altera o metabolismo das vacas em início de lactação no verão. J. Anim. Physiol. Ann., 95:81-89.

NRC. (1985): Nutrient Requirements of Sheep. 6ª ed. rev. Natl. Acad. Press, Washington, DC.

NRC. (1995): Necessidades nutricionais do rato de laboratório. In: <u>Nutrient requirements of laboratory animals.</u> Natl. Acad. Sci., Washington DC. Pp 11-58.

NRC. (1997): The Role of Chromium in Animal Nutrition, National Academy Press, Washington, D.C.

O'Bannon, E. B., Cornelison, P. R., Ragsdale, A. C., e Brody, S. (1955): Relative growth rates at 80 and 50 F of Santa Gertrudis, Brahman and Shorthorn heifers. J. Anim. Sci. 14:1187.

Ocak, S. e Guey, O. (2010): Respostas fisiológicas e alguns parâmetros sanguíneos de patos em condições de clima mediterrânico. Anadolu J. Agric. Sci., 25(2):113-119.

Ocak, S., Darcan, N., Cankaya, S. e Cinal, T. (2009): Respostas fisiológicas e bioquímicas em cabritos fulvos alemães submetidos a tratamentos de arrefecimento em condições de clima mediterrânico. Turk. J. Vet. Anim. Sci 33(6): 455-461.

Okab, A. B., El-banna, I. M., Mekkawy, M. Y., Hassan, G. A., El-Nouty, F.

D. e Salem, M. H. (1993): Seasonal changes in plasma thyroid hormone, total lipids, cholesterol and transaminases during pregnancy and at parturition, in Barki and Rahmani ewes. Indian J. Anim. Sci. 63(9): 946-951.

Okoruwa, M. I. (2014): Efeito do stress térmico na termorregulação, peso corporal vivo e respostas fisiológicas de cabras anãs no sul da Nigéria. Europ. Sci. J., 10(27): 255-264.

Otoikhian, C. S. O., Ovheruata, J. A., Imasuen, J. A. e Akporhuarho, O. P. (2009): Physiological response of local (West African dwarf) and adapted switndzerla (white bornu) goat breed to varied climatic conditions in south-south Nigeria. Afr. J. Gen. Agric. 5: 1-6.

Ozawa, M., Tabayashi, D., Latief, T. A., Shimizu, T., Oshima, I e Kanai, Y. (2005): Alterações na dinâmica folicular e nas capacidades esteroidogénicas induzidas pelo stress térmico durante o recrutamento folicular em cabras. Reprod., 129: 621-630.

Page, T. G. Southern, L. L., Ward, T. L. e Thampson, D. L., jr. (1993): Effect of chromium picolinate on growth and serum and carcass traits of growing finishing pigs. J. Anim. Sci., 71:656.

Panda, N., Kaur, H. e Mohanty, T. K. (2006): Reproductive performance of dairy buffaloes supplemented with varying levels of vitamin E. Asian Austral. J. Anim., 19(1): 19.

Pandey, N., Kataria, N., Kataria, A. K. e Joshi, A. (2012): Variações associadas ao stress ambiental nas respostas metabólicas da cabra Marwari dos tratos áridos da Índia. J. Stress Physiol. Biochem., 8(3): 120-126.

Parola, M., Leonarduzzi, G., Biasi, F., Albano, E., Biocca, M.E., Poli, G. e Dianzani, M. U. (1992): Vitamin E dietary supplementation protects against carbon tetrachloride induced chronic liver damage and cirrhosis. Hepatology, 16: 1014-1021.

Patton, C. J. e Crouch, S. R. (1977): Método colorimétrico enzimático para a determinação da ureia no soro. Anal. Chem., 49: 464-469.

Paul, K. T., Haldar, S. e Ghosh, T. K. (2005): Growth performance and nutrient utilization in black Bengal bucks (Capra hircus) supplemented with graded doses of chromium as chromium chloride hexahydrate. J. Vet. Sci. 6(1): 33-40.

Pechova, A. e Pavlata, L. (2007): O crómio como nutriente essencial: uma revisão. Veterinarini Medicina, 52(1): 1-18.

Pechova, A., Cech S., Pavlata L. e Podhorsky A. (2003): The influence of chromium supplementation on metabolism, performance and reproduction of dairy cows in a herd with increased occurrence of ketosis. Czech J. Anim. Sci., 48: 348-358.

Pechova, A., Pavlata, L. e Illek, J. (2002a): Metabolic effects of chromium administration to dairy cows in the period of stress. Czech J. of Anim. Sci., 47: 1-7.

Pechova, A., Podhorsky, A., Lokajova, E., Pavlata, L. e Illek, J. (2002b): Metabolic effects of chromium supplementation in dairy cows in the peripartal period. Ata Veterinaria Brno, 71: 9-18.

Phulia, S. K., Upadhyay, R. C., Jindal, S. K. e Misra, R. P. (2010): Alteração da temperatura corporal à superfície e respostas fisiológicas em cabras de Sirohi durante o dia no verão. Ind. J.Anim. Sci. 80 (4): 340-342.

Prasdini, W. A., Rahayu, S. e Djati, M. S. (2014): Nível de estrogênio e pH do muco cervical como indicador de estro após o parto em relação ao fornecimento de vitamina E de selênio em vacas leiteiras Frisien Holstein (FH). Int. J. Chem.Tech. Res. 7(1): 190-195.

Ramirez-Bribiesca, J. E., Tórtora, J. L., Huerta, M., Hernàndez, L. M., López, R. e Crosby, M. M. (2005): Efeito da injeção de selénio-vitamina E em cabras leiteiras e cabritos com deficiência de selénio no planalto mexicano. Arq. Bras. Med. Vet. Zootec., 57(1):77-84.

Rapoport, R., Sklan, D., Wolfenson, D., Shaham-ALbalancy, A. e

Hanukoglu, I. (1998): Antioxidant capacity is correlated with steroidogenic status of the corpus luteum during the bovine oestrus cycle. Biochimicaet Biophysica Ata 1380: 133-140.

Rasooli, A., Nouri, M., Khadjeh, G. H. e Rasekh, A., (2004): The influence of seasonal variations on thyroid activity and some biochemical parameters of cattle. Iranian J. Vet. Res., 5(2): 1384-1390.

Reitman, S., Frankel, S. (1957): A method of assaying liver enzymes in human serum. Am. J. Clinic. Path. 28: 56 - 58.

Reis, L. S., Chiacchio, S. B., Oba, E., Pardo, P. E. e Frazatti-Gallina, N. M. (2012): Efeitos da suplementação com selênio sobre o cortisol sérico em bovinos manejados repetidamente. Arq. Zootec. 61 (233): 141-144.

Restall, B.J. e Starr, B.G., (1977): The influence of season of lambing and lactation on reproductive activity and plasma LH concentrations in Merino ewes. J. Reprod. Fertil. 49, 297-303.

Rigor, E. M., Ramel, R. B. e Sah, S. K. (1984): O efeito da amamentação e da presença do macho na coelha pós-parto. Actas do 10º Congresso Internacional de Anim. Reprod. and AI, Univ. Illinois, USA, 111.

Roman-Ponce, H., Thatcher, W. W., Buffington, D. E., Wilcox, C. J., e Van Horn, H. H., (1977): Respostas fisiológicas e produtivas do gado leiteiro a uma estrutura de sombra num ambiente subtropical. J. Dairy Sci.60:424-430.

Roman-Ponce, H., Thatcher, W.W., e Wilcox, C.J. (1981): Hormonal interrelationships and physiological responses of lactating dairy cows to shade management system in a tropical environment. Theriogenology. 16:139-154.

Ronchi, B., Stradaioli, G., Verini Supplizi, A., Bernabuci, U., Lacetera, N., e Accorsi, P. A. (2001): Influence of heat stress or feed restriction on plasma progesterone, oestradiol-17beta, LH, FSH, prolactin and cortisol in Holstein heifers. Livestock Prod Sci. 68: 231-241.

Rosenberg, M., Folman, Y., Herz, Z., Flamenbaum, I., Berman, A., Kaim, M.

(1982): Effect of climate conditions on peripheral concentrations of LH, progesterone and estradiol- 17β in high milk-yielding cows. J. Reprod. Fertil.66:139-146.

Rosenberg, M., Herz, Z., Davidson, M., e Folman, J. (1977): Seasonal variations in post-partum plasma progesterone levels and conceptions in primiparous and multiparous dairy cows. J. Reprod. Fertil. 51: 363-367.

Roth, Z. (2008): Heat stress, the follicle, and its enclosed oocyte: mechanisms and potential strategies to improve fertility in dairy cows. Reprod. Domest. Anim., 43: 238-244.

Roth, Z., Meidan, R., Braw-Tal, R. e Wolfenson, D. (2000): Immediate and delayed effects of heat stress on follicular development and its association with plasma FSH and inhibin concentration in cows. J. Reprod. Fertil. 120: 83-90.

Roth, Z., Meidan, R., Shaham-Albalancy, A., Braw-Tal, R. e Wolfenson, D. (2001): Delayed effect of heat stress on steroid production in medium-sized and preovulatory bovine follicles. Anim. Reprod. Sci. 121: 745-751.

Sahin, K., Küçük, O. e Sahin, N. (2001): Effects of dietary chromium picolinate supplementation on performance and plasma concentrations of insulin and corticosterone in laying hens under low ambient temperature. J. Anim. Physiol. Anim. Nutrt., 85: 142-147.

Saker, K. E., Fike, J. H., Veit, H. e Ward, D. L. (2004): Brown seaweed-(TascoTM) treated conserved forage enhances antioxidant status and immune function in heat-stressed wether lambs. J. Anim. Physiol. Anim. Nutr. 88:122-130.

Saleh, E. M. (2000): Estudos sobre a deficiência de vitamina E em cordeiros. Dissertação de Mestrado, Fac. Vet. Med., Universidade do Cairo, Cairo, Egito.

Salem, I. A., Kobeisy, M. A., Zenhom, M., Hayder, M. (1998): Effect of season and ascorbic acid supplementation on some blood constituents of suckling Chios lambs and its crosses with Ossimi sheep in upper Egypt. Assiut J. Agric. Sci.,

29(1), 87-100.

Sanchez, M. A., Garcia, P., Menendez, S., Sanchez, B., Gonzalez, M. e Flores, J. M. (2002): Expressão do recetor do fator de crescimento fibroblástico (FGF-R) durante a involução uterina na cabra. Anim. Reprod. Sci. 69, 25-35.

Sano, H., Kato Y., Takebayashi A., Shiga A. (1999): Effects of supplemental chromium and isolation stress on tissue responsiveness and sensitivity to insulin in sheep. Small Rumin. Res., 33: 239-246.

Sano, H., Konno, S. e Shiga, A. (2000a): Chromium supplementation does not influence glucose metabolism or insulin action in response to cold exposure in mature sheep. J. Dairy Sci., 78: 2950-2956.

Sano, H., Konno, S. e Shiga, A. (2000b): Effects of supplemental chromium and heat exposure on glucose metabolism and insulin action in sheep. J. Agric. Sci., 134:319-325.

Sano, H., Takahashi, K., Ambo, K., e Tsuda, T. (1985): Metabolismo da glucose no sangue imediatamente após o início da exposição ao calor em ovinos. Jap. J. Zootechnic Sci., 56: 288-294.

Sartori, R., Sartor-Bergfelt, R., Mertens, S. A., Guenther, J. N., Parrish, J. J. e Wiltbank, M. C. (2002): Fertilização e desenvolvimento embrionário precoce em novilhas e vacas em lactação no verão e vacas em lactação e secas no inverno. J. Dairy Sci. 85, 2803-2812.

SAS (1998): Statistical analysis system user's guide, Release 6.0 ed. 4th edition, SAS Institute Inc. Cary, NC, EUA.

Schwarz, K. e Mertz, W. (1959): Crómio (III) e o fator de tolerância à glicose. Arch. Biochem. Biophys.85:292-295.

Sconberg, S., Nockels, C. F., Bennet, D. W., Bruyninclese, W., Blancquaret, A. M. B., e Craig, A. M. (1993): Effect of shipping handling, adrenocortiocotropic hormone and epinephrine on L-tocopherol content of bovine blood. Am. J. Vet. Res. 54:1287-1293.

Sefidbakh, N., Farid, A. e Makarechian, M. (1980): Lamb production of fall vs spring mating of four fat tailed Iranian breeds of sheep under farm conditions. Journal of Indian Agricultural Research, 6: 33-46.

Segerson, E. C., e Ganapathy, S. N. (1979): Fertilidade de óvulos em ovelhas que recebem suplemento de selénio e vitamina E. J. Anim. Sci. 49(Suppl. 1):335-336.

Segerson, E. C., Murray, F. A., Moxon, A. L., Redman, D. R. e Conrad H. R. (1977): Selénio e vitamina E: Role in fertilization of the bovine ova. J. Dairy Sci. 60:1001-1005.

Sejian, V., Indu, S. e Naqvi, S. M. K., (2013): Impacto da exposição de curto prazo a diferentes temperaturas ambientais nas respostas bioquímicas e endócrinas do sangue de ovelhas Malpura em ambiente tropical semi-árido. Indian J. Anim. Sci., 83(11): 1155-1160.

Sevi, A., Annicchiarico, G., Albenzio, M., Taibi, L., Muscio, A., Dell'Aquila, S. (2001): Efeitos da radiação solar e do tempo de alimentação no comportamento, na resposta imunitária e na produção de ovelhas em lactação sob temperatura ambiente elevada. J. Dairy Sci. 84:629-640.

Shaffer, L., Roussel, J. D. e Koonce, K. L. (1981): Effect of age, temperature, season and breed on blood characteristics of dairy cattle. J. Dairy Sci., 64: 62-70.

Shalaby, T. H. e Johnson, H. D. (1993): Heat loss through skin vaporization in goats and cows exposed to cyclic hot environmental conditions. Egyptian Am. Conf. Physiol. Anim. Prod., 12-18 de novembro de 1993, El-Fayoum, Egito, pp. 241-257.

Sharma, A. K. e Kataria, N. (2011): Effects of extreme hot climate on liver and serum enzymes in Marwari goat. Indian J. Anim. Sci., 81(3): 293-295.

Sharma, S., Ramesh, K., Hyder, I., Uniyal, S., Yadav, V. P., Panda, R. P., Maurya, V. P., Singh, G., Kumar, P., Mitra, A. e Sarkar, M. (2013): Efeito da administração de melatonina nas hormonas da tiroide, cortisol e perfil de expressão das proteínas de choque térmico em cabras (*capra hircus*) expostas ao stress térmico. Small Rumin. Res., 112(1): 216-223.

Shashidhar, G. e Prasad, T. (1993): Influence of selenite and selenomethionin administration on serum transaminases and hemotology of goats. *Indian J. Anim. Nutr* 10:1-6.

Shearer, J. K., Bray, D.R. e Bucklin, R. A. (1999): The management of heat stress in dairy cattle: O que aprendemos na Flórida. Proc. Feed and Nutritional Management Cow College, Virginia Tech, pp. 60 - 71.

Shebaita, M. K. e El-Banna, I. M. (1982): Carga térmica e dissipação de calor em ovinos e caprinos sob stress térmico ambiental. Pp. 459-469 in Proc. 6th Int. Conf. Anim. Poult. Prod., Univ. Zagazig, Zagazig, Egito.

Shehab-El-Deen, M., Leroy, J., Fadel, M., Saleh, S., Maes, D. e Van Soom, A. (2010): Biochemical changes in the follicular fluid of the dominant follicle of high producing dairy cows exposed to heat stress early post-partum. Anim. Reprod. Sci., 117: 189-200.

Shimuzu, T., Ohshima, I., Ozaea, M., Takahashi, S., Tajima, A., Shiota, M., Miyazaki, H. e Kanai, Y. (2005): O stress térmico diminui a expressão do recetor de gonadotropina e aumenta a suscetibilidade à apoptose das células da granulosa de rato. Reprod., 129:463-472.

Shwartz, G., Rhoads, M. L., Van Baale, M. J., Rhoads, R. P. e Baumgard, L. H. (2009): Effects of a supplemental yeast culture on heat-stressed lactating Holstein cows. J. Dairy Sci. 92:935-942.

Siegel, H. S. (1995): Stress, strains and resistance. Br. Poult. Sci. 36:3-22.

Sies, H., Stah, W. e Sundquist, A. R. (1992): Antioxidant functions of vitamins. Vitamina E e C, β-caroteno e outros carotenóides. Ann. N. Y. Acad. Sci., 669: 7-20.

Silanikove, N. (2000): Effects of heat stress on the welfare of extensively managed domestic ruminants (Efeitos do stress térmico no bem-estar dos ruminantes domésticos geridos extensivamente). Livestock Production Science 67, 1-18.

Singh, D. K., Singh, C. S. P. e Mishra, H. R. (1991): Factores que afectam o crescimento de Black Bengal e o seu cruzamento com cabras Jamunapari e Beetal. Indian J. Anim. Sci. 61: 1101-1105.

Singh, N. K. e Singh, D. K. (1998): Growth rate of Black Bengal and its crosses with Beetal under village conditions (Taxa de crescimento de Black Bengal e seus cruzamentos com Beetal em condições de aldeia). Indian J. Anim. Sci. 68: 988-990.

Singh, R., Randhawa, S. S. e Dhillon, K.S. (2002): Changes in blood biochemical and enzyme profile in experimental chronic selenosis in buffalo calves (*Bubalus bubalis*). Indian J. Anim. Sci.72:230-232.

Sivakumar, A. V. N., G. Singh, G. e Varshney, V. P. (2010): Antioxidants supplementation on acid base balance during heat stress in goats (Suplementação de antioxidantes no equilíbrio ácido-base durante o stress térmico em cabras). Asian-Aust. J. Anim. Sci. 23(11):1462- 1468.

Slavik, P., Illek, J., Brix, M., Hlavicoca, J., Rajmon, R., Jilek, F., (2008): Influência da suplementação de selénio orgânico versus inorgânico na dieta sobre a concentração de selénio no colostro, leite e sangue de vacas de carne. Ata Vet. Scand. 50:1-6.

Slee, J. (1966): Variação nas respostas de ovelhas tosquiadas à exposição ao frio. Anim. Prod. 8, 425-434.

Smith, J. L. H., (1989): Nitrogen metabolism in farm animals. In: Bock, H. D., Eggum, B.O., Low, A.G., Simon, O., Zebrowska, T.(Eds.), Oxford University Press, Oxford.

Smith, O. B. e Akinbamijo, O. O., (2000): Micronutrientes e reprodução em animais de criação. Anim. Reprod. Sci., 6061: 549-560.

Soliman, E. B., Abd El-Moty, A. K. I., e Kassab, A.Y. (2012): Efeito combinado de vitamina E e selénio em algumas caraterísticas produtivas e fisiológicas de ovelhas e seus cordeiros durante o período de amamentação. Egyptian Journal of Sheep & Goat Sciences, 7 (2): 31- 42.

Soltan, M. A. Almujalli, A.M., M.A. Mandour, M.A. e El- Shinway A. M. (2012): Efeito da suplementação dietética de crómio no desempenho de crescimento, caraterísticas de fermentação ruminal e algumas unidades de soro sanguíneo de vitelos leiteiros de engorda sob stress térmico. Pak. J. Nutr., 11 (9): 751-756.

Spiers, D. E., Spain, J. N., Sampson, R. P. e Rhoads, R. P. (2004): Utilização de parâmetros fisiológicos para prever a produção de leite e o consumo de ração em vacas leiteiras submetidas a stress térmico. J. Therm. Biol. 29:759-764.

Srikandakumar A, Johnson E. H. e Mahgoub, O. (2003): Effect of heat stress on respiratory rate, rectal temperature and blood chemistry in Omani and Australian Merino sheep. Small Rumin. Res., 49: 193- 198.

Srivastava, S. K. (2008): Effect of mineral supplement on oestrus induction and conception in anoestrus crossbred heifers. Indian J. Anim Sci., 78(3): 275-276.

Staats, D. A., Lohr, D. P. e Colby, H. D. (1988): Effects of tocopherol depletion on the regional differences in adrenal microsomal lipid peroxidation and steroid metabolism. Endocrinology123:975-980.

Stahlhut, H. S., Whisnant, C. S., Lloyd, K. E., Baird, E.J., Legleiter, L. R., Hansen, S. L. e Spearsm J. W. (2006). Effect of chromium supplementation and copper status on glucose and lipid metabolism in Angus and Simmental beef cows. Anim. Feed Sci. Technol., 128: 253-265.

Steine, T.A. (1975): Faktorar med innverknad pa oekonomisk viktige eigenskapar hos geit (Factores que afectam os caracteres de importância económica nos caprinos). Meldinger fra Norges Landbrukshoegskole 54 (2): p. 30.

Stewart, W. C., Bobe, G., Pirelli, G. W., Mosher, W. D., Hall, A. J. (2012):

Selénio orgânico e inorgânico: III. Desempenho da ovelha e da descendência. J. Anim. Sci., 90:4536-4543.

Sunil Kumar, B.V., Ajeet, K. e Meena, K. (2011): Efeito do stress térmico no gado tropical e diferentes estratégias para a sua melhoria. J. Stress Physiol. & Biochem., 7 (1): 45-54.

Surai, P. F. (2006): Selénio na nutrição de ruminantes. Página 487 em Selenium in Nutrition and Health. Nottingham Univ. Press, Nottingham, Reino Unido.

Swanson, T. J., Hammer, C. J, Luther, J. S., Carlson, D. B., Taylor, J. B., Redmer, D. A., Neville, T. L., Reed, J. J., Reynolds, L. P., Caton, J. S. e Vonnahme, K. A. (2008): Effects of gestational plane of nutrition and selenium supplementation on mammary development and colostrum quality in pregnant ewe lambs. J. Anim. Sci. 86:2415-2423.

Tahmasbi, A. M., Kazemi, M., Moheghi, M. M. Bayat, J. e Shahri, A. M. (2012): Efeitos do selénio e da vitamina E e da alimentação nocturna ou diurna no desempenho de vacas leiteiras Holstein durante o tempo quente. Jornal de Biologia Celular e Animal 6 (3):33-40.

Taiwo, B. B. A., Buvanendran, V. e Adu, I. F. (2005): Effects of body condition on the reproductive performance of Red Sokoto goats. Nig. J. Anim. Prod. 32(1): 1-6.

Takayama, H., Tanaka, T. e Kamomae, H. (2010): Atividade ovariana pósparto e involução uterina em cabras Shiba não sazonais, com ou sem amamentação. Small Ruminant Research, 88: 62-66.

Tao, S. e Dahl, G. E. (2013): Revisão convidada: Efeitos do stress térmico durante o final da gestação em vacas secas e seus bezerros. J. Dairy Sci. 96 :4079-4093.

Targhibi, M. R., Shabankareh, H. K e F. Kafilzadeh, F. (2011): Efeitos do crómio suplementar na lactação e em alguns parâmetros sanguíneos de vacas leiteiras no final da gestação e no início da lactação. Asian J. Anim. Vet. Adv., 7:

1205-1211.

Thompson, G.E. (1973): Review of the progress of dairy science. Fisiologia climática do gado. J. Dairy Res., 40: 441-473.

Travnicek, J., Ptsek, L., Herzig, I., Doucha, J., Kvicala, J., Kroupovai, V. e Rodinova, H., (2007): Selenium content in the blood serum and urine of ewes receiving selenium-enriched unicellular alga Chlorella. Veterinarni Medicina, 52(1): 42-48.

Trottier, N. L., e Wilson, M. E. (1998): Effect of supplemental chromium tripicolinate on productivity and blood metabolites of sows. Pages B1-7 in Proc. of Symp. on the Use of Supplemental Chromium to Improve Sow Productivity, Des Moines, IA.

Trout, J. P., McDowell, L. R., e Hansen, P. J. (1998): Characteristics of the oestrous cycle and antioxidant status of lactating Holstein cows exposed to stress. J. Dairy Sci. 81: 1244-1250.

Tuormaa, T. E. (2000): Chromium Selenium Copper and other trace minerals in health and reproduction. J. Orthomol. Med. 15:145-157.

Turner, H. G. (1962): Effect of clipping the coat on performance of calves in the field. Aust. J. Agric. Res. 13:180-192.

Turner, L. W., Warner, R. C. e Chastain, J. P. (2004): Microsprinkler and fan cooling for dairy cows: practical design considerations. Cooperative Extension Service, Lexington, e Kentucky State University, Frankfort, EUA.

Ukanwoko, A. I., Ibeawuchi, J. A. e Okeigbo, A. N. (2012): Effects of sex, breed and season on birth weight of kids and effect of season on kid mortality in South Eastern Nigeria. J Anim Prod Adv., 2(11): 469-472.

Underwood, E. J. (1977): Selenium. In: <u>Trace elements in human and animal</u> nutrition. Academic Press, Nova Iorque, NY. p. 302-346.

Van Wyk, L. C., Van Niekerk, C. H., e Belonje, P. C. (1972): Further observations on the involution of the postpartum uterus of the ewe. J. South African Vet. Ass. 43: 29-33.

Vaught, L. W., Monty, D. W., e Foote, W. C. (1977): Effect of summer heat stress on serum LH and progesterone values in Holstein-Frisian cows in Arizona. Am. J. Vet. Res.38: 1027-1032.

Vàzquez-Armijo, J. F., Rojo, R., López, D., Tinoco, J. L., Gonzâlez, A., Pescador, N. e Dominguez-Vara, I. A. (2011): Oligoelementos na reprodução de ovinos e caprinos: uma revisão. Agroecossistemas Tropicais e Subtropicais, 14(1): 1-13.

Villalobos F.J.A., Romero R.C., Tarrago C.M.R., e Rosado A.   (1997): A suplementação com picolinato de crómio reduz a incidência de retenção placentária em vacas leiteiras. Can. J. Anim. Sci., 77: 329-330.

Wang, L., Shi, Z., Jia, Z., Su, B., Shi. B., Shan, A. (2013): Os efeitos da suplementação dietética com picolinato de cromo durante a gestação no desempenho produtivo, concentração de Cr, parâmetros séricos e composição do colostro em porcas. Biol. Trace Elem. Res., 154 (1):55-61.

Wang, M. Q., He, Y. D., Lindemann M. D. e Jiang, Z. G. (2009): Efficacy of cr (iii) supplementation on growth, carcass composition, blood metabolites, and endocrine parameters in finishing pigs. Asian-Aust. J. Anim. Sci. 22(10): 1414 - 1419.

Wang, M. Q., Xua, Z. R., Zhaa, L.Y., Lindemann, M. D. (2007): Efeitos da suplementação com nanocompostos de crómio nos metabolitos sanguíneos, parâmetros endócrinos e caraterísticas imunitárias em suínos em fase de acabamento. Feed Sci. and Technol., 139: 69-80.

Warmington B.G. e Kirton A.H. (1990): Influências genéticas e não genéticas de caraterísticas de crescimento e carcaça de caprinos. Small Rumin. Res. 3: 147-165.

Webel, D. M., Mahan, D. C., Johnson, R. W. e Baker, D. H. (1998):

Pretreatment of young pigs with vitamin E attenuates the elevation in plasma interleukin-6 and cortisol caused by a challenge dose of lipopolysaccharide. J. Nutr. 128(10):1657- 1660.

Webster, A. J. F. (1976): A influência do ambiente climático no metabolismo dos bovinos. In: <u>Principles of Cattle Production.</u> Editado por H. Swan e W.H. Broster (Eds). Butterworth, Londres, Reino Unido,

Williams, J. E., Myers, J. L., Richard, C. R. e Grebing, S. E. (1994): Influence of yeast culture, chromium, and thermal challenge on N and mineral balance in lambs. J. Anim. Sci.72(Suppl. 2):86(Abstr).

Wilson, S. J., Marion, R. S., Spain, J. N., Spiers, D. E., Keisler, D.H. e Lucy. M. C. (1998): Effect of controlled heat stress on ovarian function of dairy cattle. J. Dairy Sci. 8: 2124-2131.

Wise, M. E., Armstrong, D. V., Huber, J., T, Hunter, R., Wiersma, F. (1988). Hormonal alterations in the lactating dairy cow in response to thermal stress. J. Dairy Sci. 71: 2480-2485.

Wolfenson, D., Lew, B. J., Thatcher, W. W., Graber, Y. e Meidan, R. (1997): Efeitos sazonais e agudos do stress térmico na produção de esteróides pelos folículos dominantes da vaca. Anim. Reprod. Sci. 47: 9-19.

Wolfenson, D., Thatcher W.W., Badinga, L., Savio, J.D., Meidan, R. e Lew, B. J. (1995): The effect of heat stress on follicular development during the estrous cycle dairy cattle. Biol. Reprod. 52: 1106-1113.

Yanchev, I., Gudev, D., Ralcheva, S. e Moneva, P. (2007): Effect of Cr picolinate and Zn supplementation on plasma cortisol and some metabolite levels in Charolais hoggets during acclimatization. Archiva Zootechnica, 10:78-84.

Yang, W. Z., Mowat, D. N., Subiyatno, A. e Liptrap, R. M., (1996): Effects of chromium supplementation on early lactation performance of Holstein cows. Can. J. Anim. sci. 6: 221-230.

Yari, M., Nikkhah, A., Alikhani, M., Khorvash, M., Rahmani, H., e

Ghorbani, G. R. (2010): Respostas fisiológicas de bezerros ao aumento do fornecimento de crómio no verão. J. Dairy Sci. 93:4111-4120.

Yavas Y. e Walton, J. S. (2000): Postpartum acyclicity in suckled beef cows: A review. Theriogenology, 54, 25-55.

Yazaki, Y. Z., Faridi, Y., Ali, M. A., Northrup, V., Njike, Y., Liberti, L., Katz, D. L. (2009): Um estudo piloto de picolinato de crómio para perda de peso. J. Altern. Compliment. Med., 16(3): 291-299.

Younas, M., Fuquay, J. W., Smith, A. E., e Moore, A. B. (1993): Estrus e respostas endócrinas de Holsteins em lactação à ventilação forçada durante o verão. J. Dairy Sci. 76: 430-434.

Yousef, H. M. (1990): Estudos sobre a adaptação do gado frísio no Egito. Tese de doutoramento, Fac. Agric, Zagazig Univ., Zagazig, Egito.

Yousef, M. K. (1985): Ambiente Térmico. In: <u>Stress Physiology in Livestock, Basic Principles.</u> (Yousef, M. K., ed.), Florida: CRC Press. vol, 1: 9 - 14.

Yousef, H. M., Habeeb, A. A. M., Fawzy, S. A. e Zahed, S. M. (1996): Efeito da radiação solar direta da estação quente de verão e da utilização de dois tipos de estábulos na produção e composição do leite e em algumas alterações fisiológicas em vacas Frísias em lactação. 7th Scientific Congress, 17-19 Nov. Faculty of Vet. Med. Universidade de Assiut, Assiut, Egito. pp. 63 - 75.

Yousef, H. M., Habeeb, A. A. M. e EI-Kousey, H. (1997): Ganho de peso corporal e algumas mudanças fisiológicas em bezerros Friesian protegidos com madeira ou galpões de concreto armado durante a estação quente do verão no Egito. Egito. J. Anim. Prod., 34: 89-101.

Zahradden, D, Butswat, I.S.R. e Mbap, S.T. (2008): Avaliação de alguns factores que influenciam o desempenho do crescimento de cabras locais na Nigéria. Afr. J. Food, Agric., Nutr. Dev. 8(4): 464 - 479.

Zeidan, A. E., Hanna, M. F., Hamouda, T.A. e Seleem, T. S. (2001): Algumas caraterísticas produtivas e reprodutivas de coelhos machos afectadas pela administração de vitamina E e selénio em condições climáticas quentes. Egito. J. nutr. feeds. 4:897-908.

Zeron, Y., A. Ocheretny, O. Kedar, A. Borochov, D. Skla, e A. Arav. (2001): Seasonal changes in bovine fertility: Relationship to developmental competence of oocytes, membrane properties and fatty acid composition of follicles. Reproduction 121: 447-454.

Zumbo, A., Di Rosa, R., Casella, S. e Piccione, G. (2007): Alterações em alguns parâmetros hematológicos do sangue de cabras maltesas durante a lactação. J. Anim. Vet. Adv. 6: 706-711.

7. APÊNDICE

Appendix 1: Valores F da análise média para os factores que afectam a temperatura rectal das coelhas durante o ciclo estral, a gestação e o período pós-parto.

Fonte	df	Valor F									
		Di	Profissional	Est.	Meta	PE	PM	LP	PP de 15 dias	PP de 30 dias	PP de 45 dias
Estação(ões)	1	0,153NS	34.269***	4.22*	32.87***	68.729***	52.977***	1147.651***	42.62 ***	41.20 ***	105.83 ***
Tratamento(T)	2	6.484**	3.279*	6.032**	37.43***	28.45***	14.712***	7.284**	1,42 NS	12.38 ***	19.05 ***
S*T	2	1.442NS	42.202***	12.111***	9.336***	9.703***	2,852 NS	10.682***	0,80 NS	21.05 ***	22.16 ***
Erro df	66										
Erro M.S		0.131	0.106	0.107	0.058	0.044	0.105	0.087	0.1895	0.0634	0.0584

Di= diestro, Pro= proestro, Est.= cio, Meat= metestro, EP= início da gestação, MP= meio da gestação, LP= final da gestação e pp= pós-parto. NS= não significativo, *= P< 0,05, **= P< 0,01 e ***= P< 0,0001.

Appendix 2: Valores F da análise de médias para os factores que afectam a temperatura da pele das coelhas durante o ciclo estral, a gestação e o período pós-parto.

Fonte	df	Valor F									
		Di	Profissional	Est.	Meta	PE	PM	LP	PP de 15 dias	PP de 30 dias	PP de 45 dias
Estação(ões)	1	10.609**	68.652***	70.101***	45.586***	164.873***	364.223***	233.359***	2.388NS	0,141NS	20.845
Tratamento(T)	2	7.616**	0,848NS	32.004***	11.084***	36.087***	44.521***	3.609*	3.635*	17.764***	18.81
S*T	2	7.736**	10.127***	10.217***	8.972***	46.001***	4.393*	14.099***	2.695NS	28.639***	6.337
Erro df	66										
Erro M.S		0.249	0.258	0.149	0.269	0.044	0.149	0.121	0.354	0.119	0.087

Di= diestro, Pro= proestro, Est.= cio, Meat= metestro, EP= início da gestação, MP= meio da gestação, LP= final da gestação e pp= pós-parto. NS= não significativo, *= P< 0,05, **= P< 0,01 e ***= P< 0,0001.

Appendix 3:   Valores F da análise de médias para os factores que afectam a taxa respiratória das coelhas durante o ciclo estral, a gestação e o período pós-parto.

Fonte	df	Valor F									
		Di	Profissional	Est.	Meta	PE	PM	LP	PP de 15 dias	PP de 30 dias	PP de 45 dias
Estação(ões)	1	4.28*	2.578NS	1.733NS	13.882***	62.146***	8.619**	174.222***	17.60***	200.989***	51.076***
Tratamento(T)	2	4.916*	12.495***	0,748NS	28.677***	3.573*	10.219***	62.167***	26.314***	50.128***	66.49***
S*T	2	3.219*	11.732***	7.822**	4.371*	2.56NS	9.777***	11.056***	25.386***	17.965***	27.955***
Erro df	66										
Erro M.S		3.534	8.193	12.193	2.602	4.443	2.266	2.25	7.263	4.182	1.784

Di= diestro, Pro= proestro, Est.= cio, Meat= metestro, EP= início da gestação, MP= meio da gestação, LP= final da gestação e pp= pós-parto. NS= não significativo, *= P< 0,05, **= P< 0,01 e ***= P< 0,0001.

Appendix 4:   Valores F da análise de média para os factores que afectam os níveis de glucose sérica das coelhas durante o ciclo estral, a gestação e o período pós-parto.

Fonte	df	Valor F									
		Di	Profissional	Est.	Meta	PE	PM	LP	PP de 15 dias	PP de 30 dias	PP de 45 dias
Estação(ões)	1	0,063NS	5.304*	18.667***	9.129**	9.535**	51.527***	2.238NS	10.777**	209.32***	1.695NS
Tratamento(T)	2	21.219***	163.74***	52.261***	39.561***	39.521***	32.671***	3.712*	19.935***	256.236***	36.535***
S*T	2	12.064***	32.396***	51.062***	0,923NS	63.872***	32.266***	6.365**	86.72****	73.593***	4.917*
Erro df	66										
Erro M.S		92.841	22.749	36.926	111.596	14.906	29.476	63.258	14.915	6.877	39.244

Di= diestro, Pro= proestro, Est.= cio, Meat= metestro, EP= início da gestação, MP= meio da gestação, LP= final da gestação e pp= pós-parto. NS= não significativo, *= P< 0,05, **= P< 0,01 e ***= P< 0,0001.

Appendix 5: Valores F da análise de média para os factores que afectam os níveis séricos de ALT das cadelas durante o ciclo estral, a gestação e o período pós-parto.

Fonte	df	Valor F									
		Di	Profissional	Est.	Meta	PE	PM	LP	PP de 15 dias	PP de 30 dias	PP de 45 dias
Estação(ões)	1	0,064NS	3.35NS	0,154NS	2.590NS	1.048NS	1.057NS	8.305**	8.635**	2.755NS	6.436*
Tratamento(T)	2	10.43***	43.522***	11.349***	0,920NS	7.843**	14.188***	4.327*	12.692***	3.122*	9.053***
S*T	2	7.694**	33.967***	31.298***	71.249***	22.074***	8.463**	3.475*	9.541***	31.24***	57.352***
Erro df	66										
Erro M.S		14.552	5.23	3.381	5.735	3.237	5.726	16.163	32.828	13.503	10.735

Di= diestro, Pro= proestro, Est.= cio, Meat= metestro, EP= início da gestação, MP= meio da gestação, LP= final da gestação e pp= pós-parto. NS= não significativo, *= P< 0,05, **= P< 0,01 e ***= P< 0,0001.

Appendix 6: Valores F da análise de média para os factores que afectam os níveis séricos de AST das coelhas durante o ciclo estral, a gestação e o período pós-parto.

Fonte	df	Valor F									
		Di	Profissional	Est.	Meta	PE	PM	LP	PP de 15 dias	PP de 30 dias	PP de 45 dias
Estação(ões)	1	6.497*	1.906NS	0,005NS	22.684***	27.559***	153.034***	30.157***	6.79*	56.186***	6.790*
Tratamento(T)	2	49.946***	52.996***	0,66NS	17.678***	32.605***	20.232***	1.276NS	18.99***	4.479*	18.988***
S*T	2	16.756***	7.973**	25.565***	12.824***	24.167***	7.928**	17.756***	15.76***	1.162NS	15.757***
Erro df	66										
Erro M.S		48.81	43.379	46.339	124.632	15.538	29.723	63.231	54.858	72.765	54.858

Di= diestro, Pro= proestro, Est.= cio, Meat= metestro, EP= início da gestação, MP= meio da gestação, LP= final da gestação e pp= pós-parto. NS= não significativo, *= P< 0,05, **= P< 0,01 e ***= P< 0,0001.

Appendix 7: Valores F da análise de médias para os factores que afectam os níveis de proteínas totais das coelhas durante o ciclo estral, a gestação e o período pós-parto.

Fonte	df	Valor F									
		Di	Profissional	Est.	Meta	PE	PM	LP	PP de 15 dias	PP de 30 dias	PP de 45 dias
Estação(ões)	1	87.868***	160.321***	2.638NS	173.995***	48.727***	349.293***	205.468***	34.062***	60.547***	157.641***
Tratamento(T)	2	34.672***	91.161***	0,242NS	266.163***	22.111***	393.103***	22.61***	13.92***	21.071***	6.818***
S*T	2	73.574***	48.811***	45.047***	68.366***	11.491***	194.432***	25.829***	13.316***	54.732***	32.862***
Erro df	66										
Erro M.S		0.387	0.722	1.204	0.258	1.844	0.225	1.031	1.825	1.351	1.061

Di= diestro, Pro= proestro, Est.= cio, Meat= metestro, EP= início da gestação, MP= meio da gestação, LP= final da gestação e pp= pós-parto. NS= não significativo, *= P< 0,05, **= P< 0,01 e ***= P< 0,0001.

Appendix 8: Valores F da análise de média para os factores que afectam os níveis de albumina sérica das coelhas durante o ciclo estral, a gestação e o período pós-parto.

Fonte	df	Valor F									
		Di	Profissional	Est.	Meta	PE	PM	LP	PP de 15 dias	PP de 30 dias	PP de 45 dias
Estação(ões)	1	0,618 NS	75.387 ***	0,716NS	55.638***	7.446*	1.477NS	114.072***	1.024NS	2.029NS	12.821**
Tratamento(T)	2	1,682 NS	8.533**	6.659**	1.612NS	23.174***	14.34***	42.769***	1.514NS	12.539***	31.409***
S*T	2	4.917*	28.255**	0.625NS	1.525*	8.113**	11.334***	57.024***	5.034*	11.124***	21.774***
Erro df	66										
SGA		0.249	0.071	0.081	0.039	0.075	0.085	0.04	0.067	0.304	0.051

Di= diestro, Pro= proestro, Est.= cio, Meat= metestro, EP= início da gestação, MP= meio da gestação, LP= final da gestação e pp= pós-parto. NS= não significativo, *= P< 0,05, **= P< 0,01 e ***= P< 0,0001.

Appendix 9: Valores F da análise de média para os factores que afectam os níveis de globulina sérica das coelhas durante o ciclo estral, a gestação e o período pós-parto.

Fonte	df	Valor F									
		Di	Profissional	Est.	Meta	PE	PM	LP	PP de 15 dias	PP de 30 dias	PP de 45 dias
Estação(ões)	1	83.698***	58.963***	1.500NS	52.297***	48.869***	559.815***	149.292***	34.183***	37.178***	143.605***
Tratamento(T)	2	27.692***	67.518***	0,171NS	140.078***	25.334***	847.909***	33.129***	16.417***	21.281***	11.226***
S*T	2	88.913***	45.339***	31.898***	28.26***	7.143**	432.673***	37.052***	16.344***	36.461***	26.225***
Erro df	66										
Erro M.S		0.465	1.085	1.599	0.519	2.141	0.129	1.03	1.703	1.838	1.305

Di= diestro, Pro= proestro, Est.= cio, Meat= metestro, EP= início da gestação, MP= meio da gestação, LP= final da gestação e pp= pós-parto. NS= não significativo, *= P< 0,05, **= P< 0,01 e ***= P< 0,0001.

Appendix 10: Valores F da análise de média para os factores que afectam o rácio albumina/globulina das coelhas durante o ciclo estral, a gestação e o período pós-parto.

Fonte	df	Valor F									
		Di	Profissional	Est.	Meta	PE	PM	LP	PP de 15 dias	PP de 30 dias	PP de 45 dias
Estação(ões)	1	20.097***	2.377NS	1.082NS	5.256*	24.427***	7.778*	8.69**	5.759*	3.37NS	104.243***
Tratamento(T)	2	7.278**	27.732***	5.887**	23.131***	34.229***	61.936***	28.153***	12.645***	13.961***	7.103**
S*T	2	17.857***	35.614***	39.212***	3.865*	2.017NS	33.773***	31.814***	18.939***	13.98***	13.675***
Erro df	66										
Erro M.S		0.064	0.044	0.053	0.089	0.047	0.017	0.018	0.017	0.255	0.018

Di= diestro, Pro= proestro, Est.= cio, Meat= metestro, EP= início da gestação, MP= meio da gestação, LP= final da gestação e pp= pós-parto. NS= não significativo, *= P< 0,05, **= P< 0,01 e ***= P< 0,0001.

Appendix 11:   Valores F da análise de médias para os factores que afectam os níveis de colesterol total das coelhas durante o ciclo estral, a gestação e o período pós-parto.

Fonte	df	Valor F									
		Di	Profissional	Est.	Meta	PE	PM	LP	PP de 15 dias	PP de 30 dias	PP de 45 dias
Estação(ões)	1	32.022***	2.792NS	50.633***	79.882***	53.36***	0,002NS	4.866*	10.27**	29.234***	78.27***
Tratamento(T)	2	4.76*	4.266*	28.083***	24.515***	9.148***	30.218***	25.018***	11.455***	52.949***	79.628***
S*T	2	6.623**	26.582***	24.929***	21.017***	17.314***	31.239***	35.503***	41.588***	57.315***	117.807***
Erro df	66										
Erro M.S		0.711	0.239	0.173	0.29	0.124	0.065	0.197	0.076	0.062	0.068

Di= diestro, Pro= proestro, Est.= cio, Meat= metestro, EP= início da gestação, MP= meio da gestação, LP= final da gestação e pp= pós-parto. NS= não significativo, *= P< 0,05, **= P< 0,01 e ***= P< 0,0001.

Appendix 12:   Valores F da análise de média para os factores que afectam os níveis de ureia sérica das coelhas durante o ciclo estral, a gestação e o período pós-parto.

Fonte	df	Valor F									
		Di	Profissional	Est.	Meta	PE	PM	LP	PP de 15 dias	PP de 30 dias	PP de 45 dias
Estação(ões)	1	44.271***	322.721***	35.514***	78.998***	0,087NS	2.341NS	217.462***	12.395**	5.81*	18.46***
Tratamento(T)	2	93.297***	226.124***	36.431***	439.092***	11.588***	5.239*	36.371***	16.961***	257.8***	2.37NS
S*T	2	25.506***	148.27***	77.748***	66.118***	58.286***	36.126***	168.533***	23.221***	1.92NS	81.00***
Erro df	66										
Erro M.S		43.653	56.385	95.267	21.66	253.74	165.692	15.362	284.559	101.158	193.986

Di= diestro, Pro= proestro, Est.= cio, Meat= metestro, EP= início da gestação, MP= meio da gestação, LP= final da gestação e pp= pós-parto. NS= não significativo, *= P< 0,05, **= P< 0,01 e ***= P< 0,0001.

Appendix 13:   Valores F da análise de média para os factores que afectam os níveis séricos de Estradiol-17β das fêmeas durante o ciclo estral e o período pós-parto.

Fonte	df	Valor F						
		Di	Profissional	Est.	Meta	PP de 15 dias	PP de 30 dias	PP de 45 dias
Estação(ões)	1	44.931***	0,115NS	0,769NS	0,642NS	316.304***	8.328**	4.963*
Tratamento(T)	2	35.007***	53.214***	32.924***	19.229***	32.307***	28.655***	41.487***
S*T	2	36.609***	53.214***	21.967***	28.506***	24.395***	6.944**	5.143*
Erro df	66							
Erro M.S		16.239	86.472	142.814	83.44	69.92	149.19	151.94

Di= diestro, Pro= proestro, Est.= cio, Meat= metestro, EP= início da gestação, MP= meio da gestação, LP= final da gestação e pp= pós-parto. NS= não significativo, *= P< 0,05, **= P< 0,01 e ***= P< 0,0001.

Appendix 14:   Valores F da análise de média para os factores que afectam os níveis séricos de progesterona das cadelas durante o ciclo estral, a gestação e o período pós-parto.

Fonte	df	Valor F									
		Di	Profissional	Est.	Meta	PE	PM	LP	PP de 15 dias	PP de 30 dias	PP de 45 dias
Estação(ões)	1	6.241*	12.823**	29.924***	72.736***	101.46***	14.259***	3.418NS	358.773***	319.426***	5884.489***
Tratamento(T)	2	9.763***	16.125***	18.593***	107.367***	6.511**	16.642***	10.778***	21.638***	141.937***	1397.99***
S*T	2	3.814*	29.329***	38.774***	121.936***	4.982*	16.969***	23.286***	60.362***	127.304***	1106.376***
Erro df	66										
Erro M.S		0.091	0.325	0.58	17.866	14.89	207.44	45.62	0.073	0.819	0.01

Di= diestro, Pro= proestro, Est.= cio, Meat= metestro, EP= início da gestação, MP= meio da gestação, LP= final da gestação e pp= pós-parto. NS= não significativo, *= P< 0,05, **= P< 0,01 e ***= P< 0,0001.

Appendix 15: Valores F da análise de média para os factores que afectam os níveis de cortisol sérico das coelhas durante o ciclo estral, a gestação e o período pós-parto.

Fonte	df	Valor F									
		Di	Profissional	Est.	Meta	PE	PM	LP	PP de 15 dias	PP de 30 dias	PP de 45 dias
Estação(ões)	1	4.737*	29.045***	8.395**	1.475NS	165.87***	2.182NS	9.072**	0,22NS	7.00*	0,17NS
Tratamento(T)	2	57.058***	14.474***	37.087***	68.768***	3.927*	103.936***	186.597***	24.76**	17.74**	124.8**
S*T	2	56.946***	36.903***	60.998***	74.03***	137.826***	44.857***	33.014***	21.68**	5.12*	1.76NS
Erro df	66										
Erro M.S		60.98	65.64	75.98	65.11	22.02	46.96	17.36	59.33	15.27	26.63

Di= diestro, Pro= proestro, Est.= cio, Meat= metestro, EP= início da gestação, MP= meio da gestação, LP= final da gestação e pp= pós-parto. NS= não significativo, *= P< 0,05, **= P< 0,01 e ***= P< 0,0001.

Appendix 16: Valores F da análise de médias para os factores que afectam o tamanho da ninhada e o peso à nascença das coelhas em condições experimentais.

Fonte		Valores F		
	df	F- tamanho da ninhada	df	F- Peso à nascença da ninhada
Estação(ões)	1	0,649 NS	1	18.315 ***
Tratamento(T)	2	3.180*	2	7.83 6**
S*T	2	0,333 NS	2	0,696 NS
Erro df	42		87	
Erro M.S	0.292		0.197	

Di= diestro, Pro= proestro, Est. = cio, Meat= metestro, EP= início da gestação, MP= meio da gestação, LP= final da gestação e pp= pós-parto. NS= não significativo, *= P< 0,05, **= P< 0,01 e ***= P< 0,0001.

Printed by Books on Demand GmbH, Norderstedt / Germany